中央高校基本科研业务费资助出版

中原氏山矾复合体的分类学修订

Taxonomic Revision of *Symplocos nakaharae* (Hayata) Masam. Complex (Symplocaceae)

刘博 李振宇 覃海宁 王文采 ◎ 编著

By Liu Bo Li Zhenyu Qin Haining Wang Wencai

中央民族大学青年教师博士文库

图书在版编目（CIP）数据

中原氏山矾复合体的分类学修订 / 刘博等编著. —北京：中央民族大学出版社，2020. 1 (2020. 5重印)

ISBN 978-7-5660-1545-7

Ⅰ. ①中… Ⅱ. ①刘… Ⅲ. ①山矾科—植物分类学—修订 Ⅳ. ①Q949. 775. 4

中国版本图书馆 CIP 数据核字（2018）第 180116 号

中原氏山矾复合体的分类学修订

编　　著　刘　博　李振宇　覃海宁　王文采
责任编辑　杜星宇
封面设计　舒刚卫
出 版 者　中央民族大学出版社
　　　　　北京市海淀区中关村南大街27 号　　邮编:100081
　　　　　电　话:(010)68472815(发行部)　传真:(010)68932751(发行部)
　　　　　　　　(010)68932218(总编室)　　　　(010)68932447(办公室)
发 行 者　全国各地新华书店
印 刷 厂　北京建宏印刷有限公司
开　　本　787×1092(毫米)　1/16　　印张:16
字　　数　200 千字
版　　次　2020 年 1 月第 1 版　　2020 年 5 月第 2 次印刷
书　　号　ISBN 978-7-5660-1545-7
定　　价　68. 00 元

编 著 者

刘 博

中央民族大学

北京市海淀区中关村南大街27号,100081

中国

李振宇

覃海宁

王文采

中国科学院植物研究所

北京市海淀区香山南辛村20号,100093

中国

Authors

Liu Bo

Minzu University of China

No. 27, Zhongguancun South Avenue, Haidian District,

Beijing 100081

China

Li Zhenyu

Qin Haining

Wang Wencai

Institute of Botany, Chinese Academy of Sciences

No. 20, Nanxincun, Xiangshan, Haidian District,

Beijing 100093

China

前　言

物种多样性是生物多样性的核心部分，而搞清物种多样性的基础则是分类学研究。跨世纪巨著《中国植物志》和 *Flora of China* 已经完成，并记录了中国丰富的植物种类，但是很多具体细节还不十分清楚。由于早期的研究相对零散，缺乏系统的专著性的研究工作，多数科、属都有些分类学复合体问题，即形态相似的几个物种分类处理存在较大争议。例如 Hans Nooteboom 在对世界山矾科（Symplocaceae）植物考察和标本观察的基础上，对复合体进行了大量的合并处理，原分布于几十个国家的一百多个物种均被合并为越南山矾［*Symplocos cochinchinensis*（Lour.）S. Moore］一个种的异名，但是有很多学者反对此处理。

中原氏复合体［*S. nakaharae*（Hayata）Masam.］为东亚特有植物，分布范围广，形态变异多样，分类学上存在较大问题。适合作为典型研究范例。本项目以居群思想和个体发育思想为指导，对目标类群开展标本研究和野外居群观察取样，测量统计形态特征变异，应用生物统计的方法进行分析；采用光学显微镜、扫描电镜等多种技术联合揭示叶表皮和花粉的变异式样，对数量分类特征采取统计学方法进行分析；调查生境异质性，测定不同种群的遗传多样性的差别。在此基础上，采用整合分类学的思想和方法对其进行物种界定与分类，在居群和物种两个层次上探讨其地理距离、生境、形态、遗传之间的关联性，应用分类学原理和方法进行中原氏复合体的系统分类学修订。本书通过文献考证、馆藏标本研究结合野外实地观察对山矾属(*Symplocos* Jacq.)中原氏山矾复合体进行广泛的形态学研究和分子系统学分析,还采用数值分类学方法评判形态学性状对区分物种的作用。最后对复合体内物种进行传统的分类学处理。主要研究结果如下:

1. 形态性状

研究考证了国内外37家标本馆馆藏标本,包括80余份模式标本,1500余份普通标本,并开展了大量的野外考察观察形态变异。结果表明叶片大小、花序式样、果实形态、子房室数等性状在复合体内比较稳定,具有重要的分类学价值,利用这些性状的关联性可以应用在复合体内种的范围界定上。

2. 叶表皮微形态

光镜下叶片气孔属于平列型,下表皮细胞有近椭圆形、多边形和不规则形,垂周壁有平直、波状和弓形,可作为分类的辅助性状;电镜下根据叶片下表皮气孔特征及角质层纹饰特征,将研究种类分为三种类型。

3. 花粉形态

扫描电镜下中原氏山矾复合体花粉特征为:花粉扁球形,具3孔沟或3孔,极面观为近圆形或近菱形,萌发孔周围具带状加厚或无,外壁纹饰具有明显变化。根据其外壁纹饰类型及萌发孔形态分为两种类型:具疣类型和具刺类型。

4. 数值分类

选取叶表皮形态、孢粉性状和果实形态等30个形态学性状,根据种间欧氏距离,对复合体内种利用MVSP(version 3.13n)进行聚类分析,结果表明中原氏复合体内的大部分种可以在UPGMA聚类中很好地分开。

5. 分子系统学

本研究对复合体内的11个种,利用nrDNA ITS片段单独建树及联合两个叶绿体DNA片段*trn*L-F和*trn*H-*psb*A建树,结合宏观及微观形态学证据加以分析,为讨论复合体内种间亲缘关系及种的范围界定提供分子证据。

6. 分类检索表及分类学处理

对中原氏山矾复合体进行了全面的分类学修订。共承认 13 种 1 亚种,包含一个新组合和两个新异名。给出每个种的性状特征、分布和生境及其与近缘种的关系讨论,并作出种的分布图。最后列出标本引证。

本书可作为中国植物分类系统学和多样性研究的基础资料,也可作为环境保护、林业、医学以及高等院校师生的参考书。

Preface

Species diversity is the core part of biodiversity, and taxonomic research is the basis of understanding species diversity. *Flora of China* and *Flora Republicae Popularis Sinicae* have been completed and recorded abundant plant species in China, but many details are not clear. Due to the lack of systematic and monographic research, most families and genera have some problems of taxonomic complex, that is, there is a great controversy on the treatment of the same species with similar morphology. For example, Hans P. Nooteboom based on the investigation of Symploceae plants in the world and the observation of specimens, carried out a large number of combined treatment on the complex, and has combined more than 100 species originally distributed in dozens of countries with the synonym of *Symplocos cochinchinensis*(Lour.) S. Moore. However, many taxonomists have different species conception, and disagree with his treatment.

The *Symplocos nakaharae*(Hayata) Masam. complex is endemic to East Asia. It has a wide range of distribution, diverse morphological variation and many taxonomic problems. It is suitable as a typical research example. Guided by the theory of population and the theory of phylogeny, the project carries out specimen research, field population observation and sampling for the target group, measures the variation of statistical morphological characteristics, and analyzes it with the method of biostatistics; uses the optical microscope, scanning electron microscope and other technologies to reveal the variation patterns of leaf epidermis and pollen, and adopts statistical methods to analyze the quantitative classification characteristics. To investigate the habitat heterogeneity and determine the difference of genetic diversity among different populations. On this basis, the idea and method of integrated taxonomy were used to define and classify the species, and the relationship among geographical distance, habitat, morphology and heredity was discussed on the two levels of population and species. The systematic taxonomy of this complex was revised by the principle and method of taxonomy.

In this book, a comprehensive study was carried out to *Symplocos nakaharae* (Hayata) Masam. complex (Symplocaceae), including revision of literatures, observation of herbarium specimens, field investigations and molecular systematics, and judging the efficiency of statistic analysis of morphological characters for distinguishing species. Finally, a taxonomic revision was made to the complex. The main results are listed as follows:

1. Morphological Characters

Morphological observation was made based on about 80 type specimens and 1500 nontype specimens that loaned from 37 herbaria of China and abroad, and observations of wild populations in the field. The size of leaves, styles of inflorescences, morphology of fruits, number of locules etc. are recognized as of taxonomic value and utilized to classify the species and discuss the interspecific relationship in the complex.

2. Leaf Epidermal Micromorphology

The epidermal cells of the complex under LM are paracytic type stomata, abaxial stomata are suboval, polygon or irregular-shaped, anticlinal wall straight, striate or arc, which can be served as complementary characters for taxonomy; structures of abaxial stomata and ornamentations of stratum corneum under SEM are distinctly divided into 3 types.

3. Pollen Morphology

Pollen grains under SEM are oblate, 3 porate or perprolate in shape with three colporate, round or rhombus in polar view. Three apertures region thicken. Two types are found based on the ornamentation of endexine: verrucate pollen, echinate pollen.

4. Numerical Taxonomy

Numerical taxonomy of species of the complex was carried out using 30 morphological, leaf micromorphology and pollen characters. The UPGMA clustering analysis of MVSP (version 3. 13n) were performed to analyze the Euclidean distance of the relationship of the complex. All species of the complex were separated easily.

5. Molecular Systematics

Two phylogenetic trees were constructed based on the sequences of nuclear ribosomal DNA ITS region and combined with two loci (*trn*L-F, *trn*H-*psb*A) from chloroplast genome. Then, the results of molecular systematics were evaluated among 11 species in the complex, integrated with macro-morphological and micro-morphological evidence showed high resolution to discuss the relationship among the species and to define the species in the complex.

6. Index and Taxonomical Treatment

The *Symplocos nakaharae* (Hayata) Masam. complex was taxonomically revised. 13 species and 1 subspecies were recognized including 1 new combination and 2 new synonyms. Identification keys are made based on floral characters and fruit characters separately. Each species is described and their distributions are mapped. Habitat preference and interspecific relationship are also discussed.

目　录

Contents

第1章　研究历史及存在问题

1.1　分类学历史及其系统位置

山矾科（Symplocaceae）包括两个属：革瓣山矾属（*Cordyloblaste* Hensch. ex Moritzi）和山矾属（*Symplocos* Jacq.）；后者约有340个种，分为Subg. *Symplocos* 和Subg. *Hopea* 两个亚属，广布于亚洲、大洋洲和美洲等地的热带与亚热带地区（Fritsch et al.，2008）。

中原氏山矾复合体［*S. nakaharae*（Hayata）Masam. complex］属于Subg. *Symplocos* Sect. *Lodhra*，有2—13种，由一群形态性状相似的物种所组成：小枝光滑，叶中脉在上面凸起，子房基部具白色长柔毛。这三个特征也是其区别于Sect. *Lodhra* 内其他类群的主要特征。复合体分布于中国、日本、不丹、印度、柬埔寨、印度尼西亚、老挝、马来西亚、缅甸、泰国和越南（图1.1）。中国西南地区和日本小笠原群岛上的种类形态特征特殊，多为特有种。

中原氏山矾复合体命名较晚（Wang et al.，2004），但其概念和种类范畴一直较为稳定，并得到分子系统证据的支持。包括涉及10个种的nrDNA ITS片段建树（Wang et al.，2004），及涉及7个种的联

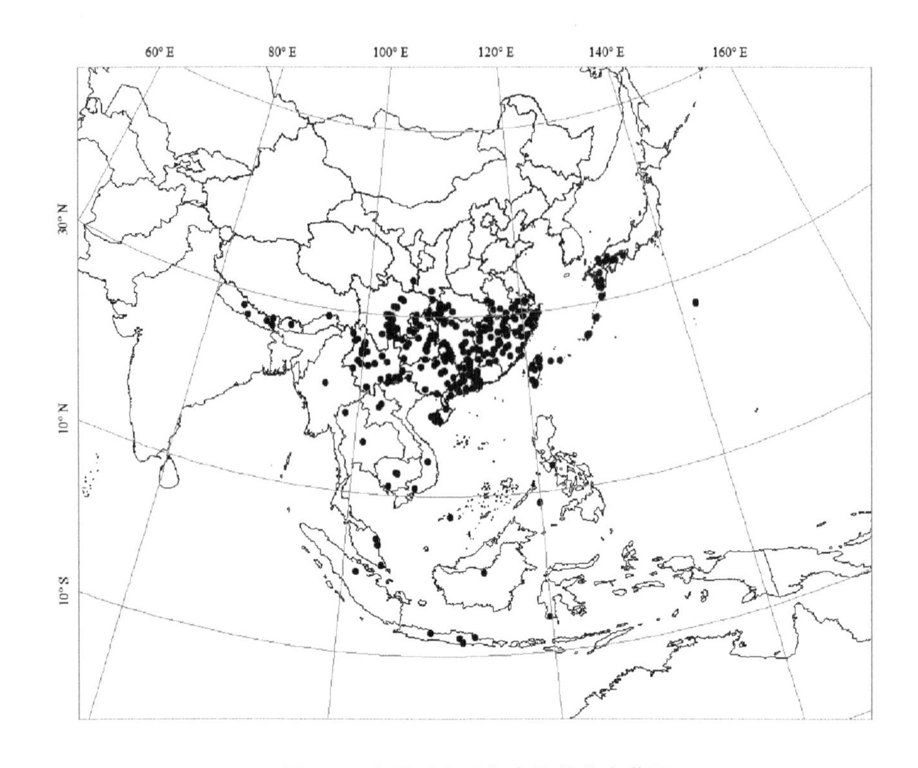

图 1.1　中原氏山矾复合体的分布范围

Figure 1.1　The Distribution Range of *Symplocos nakaharae* Complex

合核基因 ITS 和两个叶绿体 DNA 片段：*trn*L-F 和 *trn*H-*psb*A 建树均表明该复合体内的物种在山矾科的系统进化树上形成一个良好支持的单系类群。

但复合体的系统位置却几经变动：最早 Brand（1901）把其分到山矾属 Subg. *Hopea* Sect. *Palaeosymplocos* 中，之后 Handel-Mazzetti & Peter-Stibal（1943）和 Wu（1987）与 Nagamasu（1993）对复合体的归属持与 Brand（1901）一致的观点。Nooteboom（1975，2005）在完成山矾科世界性修订时，则是把复合体置于 Subg. *Hopea* 中，但是未做组的划分（表 1.1）。

表1.1 中原氏山矾复合体在山矾属内位置

Table 1.1 Different Treatments for the Systematic Position of *Symplocos nakaharae* Complex in *Symplocos*

<table>
<tr><td>Brand
(1901)</td><td>Handel-Mazzetti &
Peter-Stibal (1943)</td><td>Wu
(1987)</td><td>Nagamasu
(1993)</td><td>Nooteboom
(1975, 2005);
Wu & Nooteboom
(1996)</td><td>Fritsch et al.
(2008)</td></tr>
<tr><td colspan="4">Symplocos
Subg. Hopea
Sect. Palaeosymplocos</td><td>Symplocos
Subg. Hopea</td><td>Symplocos
Subg. Symplocos
Sect. Lodhra</td></tr>
</table>

自 Thunberg（1784）发表中原氏山矾复合体的第一个名称——*Laurus lucidus* Thunb. 至今，有70个名称陆续发表，有数位作者对复合体进行分类修订，但处理方案和观点各不相同。

从表1.2可以看出，不同分类学家的分类学观点差异较大。Brand（1901）做了最早的修订，他承认了复合体内的四个种：*S. phyllocalyx*，*S. crassifolia*，*S. setchuensis* 和 *S. japonica*，并将其置于 Subg. *Hopea* Sect. *Palaeosymplocos* 中。他认为这个组里种的共同特征是雄蕊明显五体，他将雄蕊的数目作为一个重要的鉴定特征。

Handel-Mazzetti & Peter-Stibal（1943）赞同 Brand（1901）所定义的 Sect. *Palaeosymplocos*，他在 Sect. *Palaeosymplocos* 中承认12个种，其中10个种属于中原氏山矾复合体，*S. ernestii*，*S. setchuensis*，*S. sinuata*，*S. discolor*，*S. phyllocalyx*，*S. acutangula*，*S. theifolia*，*S. multipes*，*S. henryi* 和 *S. crassifolia*。他主要使用叶形、雄蕊数目和花序类型作为物种划分的特征。

表 1.2　中原氏山矾复合体分类处理意见的比较

Table 1.2　Different Taxonomic Treatments for *Symplocos nakaharae* Complex

Brand（1901）	Handel-Mazzetti & Peter-Stibal（1943）	Wu（1987）	Nagamasu（1993，1998）	Wang（2000）	Nooteboom（1975，2005）；Wu & Nooteboom（1996）	Present study
S. crassifolia	*S. crassifolia*	*S. crassifolia*	—	—	*S. lucida*（Thunb.）Siebold & Zucc.	*S. lucida* ssp. *lucida*
/	/	—	—	—		*S. lucida* ssp. *howii*
S. henryi	*S. henryi*	*S. henryi*	—	—		*S. henryi*
/	*S. multipes*	*S. multipes*	—	—		*S. multipes*
/	/	*S. tetragona*	—	—		*S. tetragona*
S. setchuensis	*S. setchuensis*	*S. setchuensis*	*S. setchuensis*	*S. lucida*（Thunb.）Siebold & Zucc. *p. p.*		*S. setchuensis*
S. acutangula	*S. acutangula*		—			
/	*S. sinuata*		—			
S. theifolia	*S. theifolia*	*S. theifolia*	—	—		*S. theifolia*
S. phyllocalyx	*S. phyllocalyx*	*S. phyllocalyx*	*S. phyllocalyx*	—		
/	*S. ernesti*			—		
/	*S. discolor*			—		*S. tanakae*
—	—	—	*S. tanakae*	—		*S. nakaharae*
—	—	—	*S. nakaharae*	*S. japonica* var. *nakaharae* *auct. non.*		
S. japonica	—	—	*S. kuroki*	*S. lucida*（Thunb.）Siebold & Zucc. *p. p. auct. non.*		

续表

Brand（1901）	Handel-Mazzetti & Peter-Stibal（1943）	Wu（1987）	Nagamasu（1993，1998）	Wang（2000）	Nooteboom（1975，2005）；Wu & Nooteboom（1996）	Present study
—	—	—	*S. pergracilis*	—	*S. boninensis*	*S. pergracilis*
—	—	—	*S. boninensis*	—		*S. boninensis*
—	—	—	*S. kawakamii*	—	—	*S. kawakamii*
/	/	/	*S. migoi*	*S. lucida*（Thunb.）Siebold & Zucc. *p. p.*	—	*S. migoi*
/	/	—	*S. shilanensis*	*S. shilanensis*	—	*S. shilanensis*

/，未发表；—，未涉及

/，not published at that time；—，not referred to or mentioned

山矾科世界性修订专著首推 Nooteboom（1975），他研究了旧世界范围的所有山矾科物种，并于 2005 年对其 1975 年的著作进行补充修订。他主要使用经典植物分类学研究方法，通过大量查阅原始文献、模式标本及普通标本结合野外考察进行专著的撰写。他在中原氏山矾复合体的处理上，将不同类型的花序：团伞花序、总状花序和穗状花序当作一种性状的连续过渡，他没有注意果实的解剖特征。从 Nooteboom（2005）的专著中可以看出，他所观察的标本较少，除约 40 份模式标本外，仅有采自中国和南亚的近 200 份非模式标本，根据他发表的专著中引证的标本分析发现，这些非模式标本大部分为 *S. lucida* ssp. *lucida*，*S. nakaharae*，*S. setchuensis* 和 *S. theifolia* 的标本，而其他狭域分布的形态特征明显的种他并未看到非模式标本；此外，他的修订野外工作也很少，主要野外区域为泰国、马来西亚和爪哇，其对中国和日本的复合体的分布中心并无野外考察。

Nooteboom 认为中原氏复合体只有 2 个种，*S. lucida*（Thunb.）Siebold & Zucc. 和 *S. boninensis* Brand，他将 Brand（1901）和 Handel-Mazzetti & Peter-Stibal（1943）在此复合体中承认的种都作为 *S. lucida*（Thunb.）Siebold & Zucc. 的异名处理。他在写《台湾植物志》（Nooteboom，1976），《马来西亚植物志》（Nooteboom，1977）山矾科时也采用同样的观点。Nooteboom（1975，2005）同时对多个复合类群进行大量的归并处理，如白檀复合体 *S. paniculata* complex，光叶山矾复合体 *S. lancifolia* complex 和越南山矾复合体 *S. cochinchinensis* complex 等全合并为一种。他对越南山矾复合体处理时，将原产亚洲、大洋洲的 140 余种全部并入 *S. cochinchinensis* 一种中，并撰写文章阐述了其对复合体的处理方法和其对种的概念的理解（Nooteboom，1998）。

中国山矾科植物分类主要由吴容芬所开展。她基本赞同 Handel-

Mazzetti & Peter-Stibal（1943）对 Subg. *Hopea* Sect. *Palaeosymplocos* 的分类方案，而摒弃 Nooteboom（1975）的大种概念，认为中原氏复合体在中国有 7 个种，她还归并了仅依靠叶形和大小来区分的几个种，把 *S. sinuata* 和 *S. acutangula* 归为 *S. setchuensis* 的异名，把 *S. ernestii* 和 *S. discolor* 归为 *S. phyllocalyx* 的异名。但是吴容芬在作 *Flora of China* 山矾科（与 Nooteboom 合著）时，全盘接受了 Nooteboom（1975）的观点，认为中原氏山矾复合体在中国只有 2 种，归并了《中国植物志》中的许多种，*S. crassifolia*，*S. henryi*，*S. multipes*，*S. tetragona*，*S. setchuensis*，*S. theifolia*，*S. phyllocalyx*（5 种中国特有，其他 2 种为亚洲特有）均并作日本特有种 *S. lucida*（Thunb.）Siebold & Zucc. 的异名。

Nagamasu 对日本山矾科进行深入的分类学研究。他认为中原氏山矾复合体在日本有 6 种，他的分类主要依据是叶子大小和果实形状及每个花序上花的数目。由于之前的同名异物 *S. lucida* Wall. ex G. Don（1837）的存在，他把 *S. lucida*（Thunb.）Siebold & Zucc. 新拟名为 *S. kuroki* Nagam.，种加词 *kuroki* 是日本当地的土名（音译）。Nagamasu（1996）撰写了《台湾植物志》中的山矾科，也采取与《日本植物志》相同的观点。

尽管如此，接下来《台湾植物志》山矾科（Nagamasu，1998）承认台湾有复合体中的 3 种：*S. setchuensis* 和两个新发表的种：*S. migoi* 和 *S. shilanensis*。它们均属于 Subg. *Hopea* Sect. *Paleosymplocos*。Wang（2000）不同意 Nagamasu（1998）的观点，他承认 2 种和 1 变种，他把 *S. setchuensis* 和 *S. migoi* 并入 *S. lucida*（Thunb.）Siebold & Zucc. 的异名当中，他同时承认 *S. shilanensis* 和 *S. japonica* var. *nakaharae*，与 Li（1953）和 Ying（1975，1987）结论一致。

由上可见，不同作者对中原氏山矾复合体做出截然不同的分类处理，种数从 2 种到 10 余种不等。究其原因，Wu（1987）、Nagamasu（1993，1998）、Wang（1999，2000）和 Zhou et al.（2006）等人对山矾科包括该复合体在内做了许多工作，但他们的工作大多涉及地区性的材料和分类，而无法获得整个复合体分布区的材料，因而其无法研究复合体的性状变异式样，对种的划分有一定的局限性。Nooteboom（1975，2005）完成世界性修订工作时种的概念过大，利用的分类学证据较少，一些学者，如：Wu（1986）和 Nagamasu（1993）均在文章中提及 Nooteboom（1975，2005）在世界山矾科的修订专著中，对种的概念界定过大，而造成了实际应用鉴定过程中的困难。

前人工作中在物种的划分证据选取时，主要基于形态学上较少性状的观察，且集中于叶片大小、雄蕊数目和花序类型等性状上；而对于诸如叶片的侧脉和网脉形态、果实内部结构等性状之前均未使用；另外尚无相关叶表皮微形态和数值分类研究报道，花粉研究结果仍存在错误，微观形态学和分子生物学并未结合使用。因此，笔者认为，要重新检视中原氏山矾复合体的分类处理，就需要对整个分布区居群进行全面研究，并搜集更多的综合研究证据，分析其变异式样，做一个全面的基于宏观和微观的形态学分析，只有这样，才有可能对该复合体分类处理有客观合理的认识和结果。

1.2 相关研究概况

1.2.1 孢粉学

山矾属花粉的特点为：单花粉粒，极面平坦，有 3（极少 2 或 4）

孔沟，平均大小为30μm（20—70μm）。外壁分为外层和内层，内层有或无柱状层，表面光滑、皱、刺状、凹坑、穿孔、网结或网隙状。在沟孔处有不同形式的加厚（Van der Meijden，1970）。

关于花粉的研究最早可以追溯到Erdtman（1952），其对山矾科的7个种进行了花粉扫描，认为此科花粉是多型的，花粉的微形态对其科下划分具有重要的指导意义，推测山矾科中的多个组可以根据花粉形态学而提升到属的地位。其所研究的种中，属于复合体的有：*S. japonica*（*S. nakaharae* 的异名）、*S. setchuensis* 和 *S. theifolia*。他把这三种植物的花粉归入以下两种类型：

类型Ⅰ：*S. japonica*：花粉椭圆形，具3孔沟。外壁具瘤状突起，外壁稍薄于内壁；

类型Ⅱ：*S. setchuensis* 和 *S. phyllocalyx*：花粉椭圆形，具3孔沟。外壁多刺，刺长2—3μm。

此结果中对物种的鉴定有问题，经笔者研究发现，*S. setchuensis* 花粉外壁具瘤状突起，而 *S. phyllocalyx* 花粉外壁具刺状突起。同时，查到了原文中所引证的实验标本，*S. setchuensis* Brand，China *Tsiang* 7746（PE!），经鉴定，其花序为穗状，应为 *S. theifolia*。

Van der Meijden（1970）做了山矾科最为全面的花粉扫描，其共取样113种，他把花粉外壁的纹饰作为最主要的分类依据，而花粉的沟孔数作为次要分类性状。两沟孔和三沟孔类型的花粉被放在同一类中。他的花粉扫描结果支持Nooteboom（1975）的山矾属亚属的划分，而否定了Brand（1901）对山矾属的属下分类结果。其所研究物种中，*S. lucdia*（Thunb.）Siebold & Zucc.（= *S. nakaharae* s. str.）属于 *Hopea* 型中的 *Fasciculata* 亚型。

结果分为两种类型：

Symplocos 型：外壁有穿孔，光滑到不规则网纹状，赤道面上可见一个深的辐射状的沟；

Hopea 型：外壁无穿孔，具不规则的网结并明显具柱状层；或外壁穿孔，赤道面上具浅的明显的穿孔。

Barth（1979）在对巴西花粉进行研究时发现巴西花粉可以分为四种类型：

Ⅰ：2 沟孔花粉，覆盖层较厚；

Ⅱ：3 沟孔花粉，覆盖层非常薄，外壁具棒状纹饰，稍皱；

Ⅲ：3 沟孔花粉，覆盖层较厚，外壁呈瘤状，棒状纹饰不明显；

Ⅳ：3 沟孔花粉，覆盖层较厚，具不规则的粗糙孔，表面有沟槽，棒状纹饰不明显，在裂纹中明显有沟。

复合体的除 *S. theifolia* 外的其他种的花粉类型应当属于其中的类型Ⅱ，*S. theifolia* 花粉外壁表面具刺状纹饰，而不符合任一花粉类型。他的研究验证了 Brand（1901）依据雄蕊基部的合生状态对山矾属的属下分类系统是合理的，但是并不符合 Nooteboom（1975）依照花瓣的合生状态对山矾属的属下分类结果。

梁元徽（1986）对中国山矾属植物共计 41 个物种的花粉形态进行研究，弥补了前人在中国山矾科花粉形态观察方面的不足，其研究结果所得类型划分结果与 Van der Meijden（1970）相同，即分为 *Symplocos* 型和 *Hopea* 型，仅补充了几个亚型，其中涉及复合体的 *S. crassifolia*，*S. multipes* 和 *S. setchuensis* 属于枝穗山矾亚型（Multipes subtype Y. W. Liang），而 *S. phyllocalyx* 属于叶萼山矾亚型（Phyllocalyx subtype Y. W. Liang）。梁元徽（1986）对花粉研究中涉及复合体内的物种最多。

其实 Multipes subtype Y. W. Liang 与 Van der Meijden（1970）提出的

Fasciculata subtype 应为同一亚型，*S. crassifolia.* 的花粉形态与 *S. multipes* 等的花粉形态类似。

Nagamasu（1989）对日本山矾属的 22 种植物的花粉形态进行了研究，其认为复合体内的 *S. boinensis*，*S. kawakamii*，*S. lucida*（Thunb.）Siebold & Zicc.，*S. nakaharae*，*S. pergracilis* 和 *S. tanakae* 6 个物种外壁均具不规则的疣状突起，而属于 Verrucate subtype Nagam.，分别对应于 Van der Meijden（1970）的 *Hopea* type 和 Barth（1979）的类型 Ⅱ。Nagamasu（1989）利用花粉特征说明 *S. tinctoria* 与 *S. cochinchinensis* 关系较 *S. nakaharae* 关系近。

Wang & Ou（2000）对台湾的 25 种山矾科植物的花粉形态进行了研究，结果表明 *S. lucida*（Thunb.）Siebold & Zucc.（*S. migoi* auct. non.）和 *S. shilanensis* 外壁均具不规则的疣状突起，与前人研究结果相同。

综上所述，前人仅研究过中原氏山矾复合体的 13 种 1 变种中的 8 种，其他 5 种 1 变种的花粉形态在本研究中均为首次观察。山矾科的花粉学微形态具有一定的分类学意义，为属、亚属的划分提供了证据，同时对个别种的鉴定提供了佐证，但是复合体内的花粉形态并未全面研究。

1.2.2　细胞学

前人对山矾属染色体研究较少，认为山矾属染色体 $2n=22$，但 Borgmann（1964）观察到 $2n=24$，Hardin（1966）观察到 $2n=28$。

Nooteboom（1975）研究结果表明，Subg. *Symplocos* 染色体大约有 90 条，推测其可能是八倍体，染色体总数可能是 88，另一组 Subg. *Hopea* 中 $2n=22$。亚洲的种均为二倍体，染色体数目应该是一致的。而前人的结果 $2n=24$，28 是因为 B 染色体的干扰而导致结果出现错误。因此他使用染色体数目为其亚属的划分提供了辅助证据。

Nagamasu（1993）报道了三种产于日本山矾属植物的染色体数目，同样证明了 Nooteboom（1975）的结果：在 *S. sonoharae* 中，$2n=$ ca. 90.（Subg. *Symplocos*）；在 *S. stellaris* 中，$2n=22$；在 *S. tanakae* 中，$2n=22$（Subg. *Symplocos*）。

综上所述，山矾属有两种染色体数目，一种是 $2n=22$，即 Subg. *Hopea*，一种是 $2n=88$，即 Subg. *Symplocos*，复合体属于 Subg. *Symplocos*，染色体数目为 $2n=22$。

1.2.3 木材解剖

有关木材组织解剖特征在被子植物的演化系统研究中已经有较多涉及，Bailey（1944）曾研究导管的发育形状及演化，以分析被子植物、单子叶植物与双子叶植物之间的关系。就植物分类学上的应用而言，部分特征在科、属、种的等级上也成为分类鉴定的良好证据，可以应用于亲缘关系的判定（Carlquist，1988，1992），而其应用多见于属分类群地位的确定，分类群间的分立及合理的合并，另外种间的区别也有较多的文献报道（Carlquist，1975；Yang & Lin，2007）。

关于木材解剖特征的观察研究主要集中于木材被广泛利用的经济树种，而山矾科的木材尚未被广泛利用，因此，其解剖特征仅有少量报道（Metcalfe & Richter，1950；Yamauchi，1979；Van den Oever et al.，1981；成俊卿等，1992；Wang & Ou，2003；朱俊义等，2006）。

Metcalfe & Richter（1950）对 5 种山矾科植物加以观察。

Yamauchi（1979）对日本产的 9 种山矾科植物木材进行了研究，利用木材解剖特征将 9 种本科植物（其中有 3 种落叶种类和 6 种常绿种类）区分为 2 属：*Dicalix* Lour. 和 *Palura*（G. Don）Miers，其认为常绿种类与落叶种类的木材解剖结构区别较大，但是属下的种间木材细微结构差异不大，难以作为山矾科植物分种的依据。

Wang & Ou（2003）对台湾产山矾科植物的木材解剖形态进行了研究。结果表明除了落叶性种类华山矾［*Symplocos chinensis*（Lour.）Druce］以外，其他的 27 个常绿种类均具有木材导管螺旋状增厚且导管直径较小，仅有 34. 12—65. 29μm 的特征。而根据最宽的多列木质线细胞列数、多列木质线高度、导管直径及形状、导管穿孔板栅数特征，可将台湾山矾科的 28 种加以划分，其在文章中列出了所有分类群观察研究的木材解剖特征并给出了区别的检索表。

1. 2. 4　分子系统学

目前对山矾科分子系统学进行研究的工作主要集中于探讨山矾属亚属与组的划分，而并未涉及复合体物种间关系的讨论。

Soejima et al.（1994）利用等位酶对该复合体内分布于日本的 6 个种进行了深入的探讨，通过 UPGMA 建树和遗传多样性参数分析，发现小笠原岛上的三个特有种 *S. boninensis*，*S. pergracilis* 和 *S. kawakamii* 与日本其他地区的山矾科物种遗传基因区别较大，推测其可能是为适应当地特殊生境而迅速分化形成的新物种。

王玉国等（2004）利用 nrDNA ITS 序列和三个叶绿体 DNA 片段：*rpl*16，*mat*K，*trn*L-F 构建了山矾属约 153 种的系统发育关系进化树。文中对山矾属的属下等级进行了分析，并对组的划分进行了讨论。涉及中原氏山矾复合体内的 10 个物种，但作者仅把这 10 个种作为一个整体处理，并未讨论种间关系。

Soejima & Nagamasu（2004）联合 nrDNA ITS 和两个叶绿体 DNA 片

段：*trn*L-F，*trn*H-*psb*A 对山矾属日本的物种进行系统发育学分析，结果主要讨论山矾属内组的划分，与 Nooteboom（1975）的亚属划分方法一致，涉及本复合体内的 7 个物种，并未探讨山矾属物种之间的关系。

Fritsch et al.（2006）利用叶绿体基因片段 *trn*C-*trn*D 分析了山矾属内 74 个物种的种上等级的划分，其分析结果与前人研究一致，中原氏山矾复合体位于 Subg. *Hopea*。

Park et al.（2007）使用 RAPD 分析了分布于韩国的山矾属物种，验证了落叶类群与常绿类群的关系，为山矾属的属下等级的划分提供了依据。但并未涉及复合体内的物种。

Fritsch et al.（2008）综合 51 个形态学的性状和分子证据对山矾属的 96 个种做了分支分析，重新划分了山矾属的属下关系，将 Sect. *Cordyloblaste* 提升为属，认为山矾科由 *Cordyloblaste* 和 *Symplocos* 两个属构成。但涉及复合体部分仍仅做整体处理，也未对种间关系进行探讨。

1.3 系统学问题

如前所述，前人历史上对此复合体修订的结果差异较大，所承认的种类从 2 种到 7 种不等，例如最新的修订 Nooteboom（2005）仅承认 2 个种。究其原因主要有三点：一是在这个类群内，区分种的形态证据尚未全面研究，没有充分的性状作为分类依据；二是相对较长的花蕾期和果实成熟期也导致了具开放花和成熟果实的标本缺乏，大量存于标本馆的大多为营养期标本，少量的处于生殖期标本也多为幼果和花蕾期；三是复合体中个别种或为极小种群和星散分布，例如 *S. henryi*，*S. tetragona* 和

S. boninensis，或为亚洲极广泛分布，如 *S. teifolia* 和 *S. crassifolia*，也导致了采样的相对困难，很难把整个复合体的分布范围内的标本搜集全，以理清其变异幅度。

以上提及的三点原因导致了中原氏山矾复合体的分类学意见不统一，因而，一些作者在翻看标本时，看到了与模式标本有差异的类型就发表新分类群，但是其并未注意到该种的广域连续分布的变异式样，或是偶尔看到因环境特殊而产生很小的变异；而另有作者则在看完大量标本后，把一切性状均认作连续变异，归并了形态特征有明显差异的物种。这让许多学者在鉴定过程中遇到了很大的困难，不知以哪个分类学观点为准。

中原氏山矾复合体这一类植物中部分种在亚洲的亚热带和热带地区是森林和灌丛的重要组成部分，在一些环境中为优势种，甚至为建群种。因此，进一步研究和修订该类群是十分必要的。

De Jussieu 开始，将 *Symplocos* 放在 Ebenaceae 附近。

De Jussieu（1789）把 *Symplocos* 放在了 Guaiacanae（隶属于柿树目的一个科）pars 2 中，与 Diospyros（Ebenaceae），Pouteria（Sapotaceae），Styrax（Styracaceae）和 Alstonia（Apocynaceae）并列。所有的这些分类单元属于 Takhtajan（1959）和后来的作者认同的 Ebenales 的范畴。

Endlicher（1839：744）和 A. de Candolle（1844：246－259）把 Symplocaceae 认为 Styracaceae 的一个族，这个处理常常在英国的系统学著作中出现。De Candolle 认为他的 Styracaceae 在广义上与 Ebenaceae 很相近，并且很有可能与 Humiriaceae（亚麻目：树脂核科）、Meliaceae、Alangiaceae 和 Olacineae 有关。这些建议很可能是由于这个类群中的大部分具有至少到基部的贴生柱头。

同样的原因，Mierws（1853），把 Symplocaceae 放在 Sapotaceae 和 Ebenaceae 之间，建议与 Erythroxylaceae（古柯科）有关。

系统发生的关系很少有阐述。R. von Wettstein（1911：709）建议很可能 Malvales 或 Celastrales 起源于 Ebenales. Pulle（1950：236，249），认为 Ranales 起源于 Ebenales。

一些作者认为 *Symplocos* 不属于 Ebenaceae 的范畴。

Hallier（1923：78-93），很认真地考虑了 *Symplocos*，认为 Symplocaceae，Sapotaceae 和 Ebenaceae 在胚珠的构建上与其他不同。他认为 Ebenaceae 属于 Guttalen，起源于 Linaceae。Styracaceae 勉强相关于 Cornaceae 和 Olacaceae（铁青树科），这很有可能使这三个科合并到这个目里——Santalalen。对于 Symplocaceae，他认为不应该放在 Ebenaceae 附近，尽管两者都近缘 Linaceae，根据 Hallier，*Symplocos* 和 Styracaceae 的关系无法证明，因为许多解剖学和形态学的特征不同。Hallier 认为 *Symplocos* 最接近于 Linaceae，几乎是一个这个科里的 Sippe。

在过去，Takhtajan（1959，1973）认为 Celastranae 起源于 Ebenales "Guttalen"（例如 Dilleniales-Theales，他尤其提到 Theaceae），但是他把 Aquifoliaceae 和 Celastraceae 放在他的 Disciflorae（1959；Celastranae，1973）并把 Linaceae 放在 Geraniales（Pinnatae，1959；Rutanae，1973）。

Hutchinson（1959：170）认为 Styracales（构成 Styracaceae，Lissocarpaceae 和 Symplocaceae）来自 Rosales（经过 Cunoniales），使它们置于 Araliales（包括 Cornaceae）附近。Ebenales 被他考虑为一个合瓣顶端的组，源自 Myrsinales 并与 Rhammnales 和 Celastrales 有关。根据他的观点，Araliales（包括 Cornaceae）也起源于 Rosales。这个观点部分被 Huber（1963）认同。Huper 预测了 Symplocaceae 和 Styracaceae 与 Cornaceae 的关系，并将它们合并到一个目，Cornales 起源于 Cistiflorae，尤其是

Theaceae。

Airy Shaw 最后（1966：1093）否认了 Symplocaceae 和 Styracaceae 的亲缘关系。他认为 Styracaceae 与 Philadelphaceae（Huper 也放在 Cornales）的亲缘关系较近，Symplocaceae 和 Theaceae 的亲缘关系较近。

讨论

从这个简洁的调查看起来直到现在对于 Symplocaceae 的起源仍有分歧。最近的系统中它被包括在 Ebenales，但是仍有一些证据将此科排除在此目之外。

1. 花粉形态学——Erdtman（1952：155，397，423，424）认为 Sapotaceae 和 Styracaceae 的花粉颗粒与 Ebenaceae 相似，但是与 Symplocaceae 的花粉不同。

2. 叶解剖学——Ebenaceae、Stapotaceae 和 Styracaceae 的气孔是 Ranunculaceous 型的，但是 Styracaceae 的气孔是 Rubiaceous 型的（Metcalfe & Chalk，1950：872，881，887，891）。

3. 木材解剖学——Ebenaceae 和 Sapotaceae 的维管束是简单穿孔。在 Styracaceae 和 Symplocaceae 中穿孔是梯形的，因此后两个科的木材更加原始（Metcalfe & Chalk，1950）。Styracaceae 的木材被认为比 Symplocaceae 更加先进因为在 Symplocaceae 中维管是单束的。

4. 雌蕊——根据 M. Chirtoiu（1918：353），在 Ebenaceae、Sapotaceae 和 Styracaceae 中胎座腋生，但是 Symplocaceae 具有侧膜胎座。Ebenaceae、Sapotaceae 和 Styracaceae 中胚珠是倒生的（Davis，1966）。

5. 叶片边缘——Ebenaceae 叶片边缘全缘，Sapotaceae 叶片边缘几乎是全缘。Styracaceae 叶片边缘或是全缘或是牙齿状或是锯齿状，在 Symplocaceae 中叶片边缘主要是牙齿状或锯齿状。

在 Ebenales 中，*Symplocos* 常常包括在 Styracaceae 中，但是除了这个科与其他科的不同点之外，Kirchheimer（1949）指出在 *Symplocos* 的果实室有一个顶端的孔在 Styracaceae 中没有，他指出这个不同点至少在 Eocene 中就开始了。

这些讨论使将 Symplocaceae 放在 Ebenales 不太适合。这使是否将 Styracaceae 合并在 Ebenales 中尚不能确定。

这个科与 Cornaceae 和 Theaceae 更为相关。两个科中 Symplocaceae 有原始的木材解剖结构。Cornus 和 Cornaceae 其他属的木材解剖结构相似性显著相关。

Shaw（1966：1122）尤其强调 Symplocaceae 与 Theaceae 的相关性，说 Symplocaceae 是："与 Theaceae 紧密相关，并且很少不同，除非在总状花序和次级子房（后者也在 Theaceous 的属 Anneslea 和 Symplococarpon 中出现）"

这个陈述待证实，因为 *Symplocos* 的花序是聚伞花序；需要附加说明的是因为 Shaw 错误地认为 Symplocaceae 在叶腋胎盘处有胚珠。事实上并不是此种情况，在 *Symplocos* 多细胞果实的物种中常常有一个叶腋的管道。尽管如此，Theaceae 有一个真正的叶腋，胎座在果实中有一个常存的叶腋的花冠。笔者相信这是一个反对 Shaw 估计得如此近的亲缘关系的证据。

除去木材解剖学以外，许多其他因素也反映了 Symplocaceae、Cornaceae 和 Theaceae 的亲缘关系。

第2章　形态性状

形态性状是人们认识植物的基础，是提示分类群之间关系和进化水平的重要表型依据，因此，对性状的研究和分析，目前仍是植物学家判定种间系统关系及鉴定物种的首要手段。对形态性状进行深入分析，研究性状的变异式样，不仅有助于全面了解这些性状的分类学价值，而且将为正确划分类群奠定基础。

中原氏山矾复合体目前已经用于分类的形态性状较少，多集中于营养器官的特征，如叶长、叶宽、枝条被毛情况等，而生殖器官形态性状特征尚待进一步挖掘，本书通过大量的野外考察和标本观察并加以分析，认为复合体的花序类型、果实形态、果实结构等性状均为稳定的有分类意义的性状，可以应用到复合体的分类学修订之中。

2.1　材料与方法

2.1.1　文献考证与标本观测

中原氏山矾复合体已经发表的种名及种下分类名称共70个，多数名称发表年代较早，由外国分类学家发表在国外的期刊和书籍上，文献搜集的任务较重且不易获得。

在国家科学图书馆、中国科学院植物研究所图书馆等国内专业性的图书馆中，能获得部分原始文献及相关文献，其余部分求助国外朋友和同行，协助对原始文献进行扫描或拍照。通过以上途径，获得了 68 个名称的原始文献和相关研究文献。

本研究查阅了国内外 37 个标本馆的总计约 1500 份标本，其中模式标本及模式标本图像共计 82 份。结合原始文献考证，对模式标本进行认真的研究分析，原始描述与模式标本特征相对照，确保名副其实。通过对大量标本进行鉴定、比较、测量及信息记录，研究形态特征的变异幅度及相关性，从中寻找稳定而有分类学价值的性状，为种类的区分提供可靠的依据。

查阅借阅过标本及标本图像的主要标本馆名称，标本馆代码参考 Index Herbariorum（Holmgren & Holmgren，1998），列举如下：

美国阿诺德树木园（A）

德国柏林植物园标本馆（B）

英国自然历史博物馆（BM）

美国加州科学院标本馆（CAS）

中国科学院成都生物所植物标本馆（CDBI）

英国剑桥大学标本馆（CGE）

重庆植物园标本馆（CGBQ）

英国爱丁堡皇家植物园标本馆（E）

瑞士日内瓦植物园标本馆（G）

美国哈佛大学标本馆（GH）

台湾“中研院”生物多样性研究标本馆（HAST）

杭州植物园标本馆（HHBG）

中国科学院武汉植物园标本馆（HIB）

西南大学植物标本馆（HWA）

美国哈佛大学标本馆（I）

中国科学院华南植物园标本馆（IBSC）

英国皇家植物园（邱园）（K）

中国科学院昆明植物所标本馆（KUN）

日本京都大学植物标本馆（KYO）

荷兰国家植物标本馆（L）

庐山植物园标本馆（LBG）

美国密苏里植物园标本馆（MO）

南京大学植物标本馆（N）

江苏植物所标本馆（NAS）

美国纽约植物园标本馆（NY）

法国国立自然史标本馆（P）

中国科学院植物研究所标本馆（PE）

新加坡植物园标本馆（SING）

四川大学博物馆（SZ）

台湾大学植物标本馆（TAI）

日本东京大学植物标本馆（TI）

日本国家自然科学博物馆标本馆（TNS）

日本东京大学林学植物标本馆（TOFO）

美国加利福尼亚大学标本馆（UC）

瑞典乌普萨拉大学植物标本馆（UPM）

奥地利维也纳自然史植物标本馆（W）

武汉大学植物标本馆（WH）

结合原始文献考评，对模式标本进行认真的分析研究，将原始描述与模式标本特征相印证，确保“名符其实”。通过对模式标本以外的大量标本进行比较、观察、测量和标本信息记录，研究外部形态性状的变异和相关性，从中寻找稳定而有价值的分类学性状，为组下划分和系统演化研究提供可靠的依据。

2.1.2 野外观察

中原氏山矾复合体有13种1变种，有4种1变种为中国大陆特有，2种为台湾特有，5种为日本特有，有2种在亚洲热带和亚热带地区广布。

从2007—2010年，笔者已经在中国大陆野外分布区观察了30个群体并采集了实验样品，考察范围包括云南、四川、浙江、贵州、广西等省区（图2.1）。同时，得到友人帮忙，采集到了台湾2个种的8个居群和日本的5个种的材料（*S. henryi*，*S. multipes*，*S. lucida* ssp. *howii* 尚未在野外采到）。

居群考察主要针对：

1. 模式原产地的考察；

2. 在复合体中多种类分布重叠地区观察种与种之间是否有性状的过渡；

3. 针对广布种考察其在不同海拔和生境中的生长情况，并统计其主要性状的变异；

4. 针对狭域分布种考察其分布区域内的主要分类性状及其变异式样；

5. 考察同一种在花果期的不同阶段生殖器官性状的变异范围。

在考察过程中，采集叶片和果实的解剖材料，并置于FAA中固定，

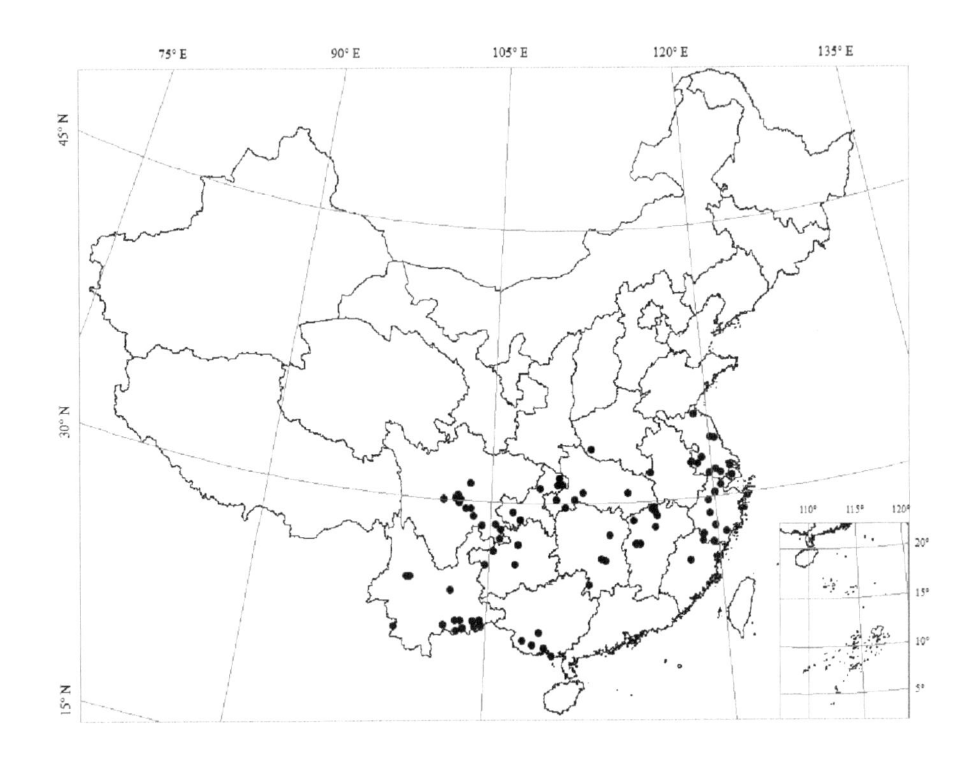

图 2.1　2007—2012 野外调查区域和实验材料采集地点

Figure 2.1　Locations for Field Observations and Experiment Materials Collection During 2007-2012

供电镜和光镜下观察及解剖用；采集嫩叶作为 DNA 提取原材料。

2.1.3　实验方法

叶片性状统计：每个种选取 5 份生长状况良好的树叶样品，测量其长度及宽度，使用 SPSS 统计并制作盒子图。

果实性状统计：选取果实发育成熟的植株或标本，共统计 87 份样品的果实长度和直径，绘制果实长度图、果实直径图和果实长直比图。

将果实在 Nikon digital camera DXM1200F 下拍照，绘制果实形态图

和果实解剖图。

2.2　基本特征

2.2.1　习性

植株均为木本植物，大灌木或乔木，高 0.3—15.0m，树皮光滑，白灰色至深棕色。枝条光滑无毛，多数于叶柄下方隆起，稍具棱，直伸（*S. pergracilis* 枝条明显呈“之”字形弯曲），*S. henryi* 枝条扁圆形近无棱，而 *S. kawakamii* 和 *S. tetragona* 小枝上的棱突出呈翅状。

同一个种在不同海拔下生长差异很大，如 *S. setchuensis* 在浙江百山祖海拔 1200—1300m 处生长到 2—3m 高的灌木即可开花结果，而在重庆低海拔地区如缙云山 760m 处常长成 6—10m 高的大树；个别种花期和果期也会受海拔和生境的影响，如 *S. setchuensis*、*S. theifolia* 的标本记录中全年各月均有开花记录。

2.2.2　叶

中原氏山矾复合体的叶片全为单叶，常排成两列，托叶早落，全缘或具腺锯齿，有时边缘反卷，羽状脉，中脉在上面凸起，侧脉和网脉在上面凸起或凹陷，叶形有椭圆形、披针形、倒披针形等，质地有纸质、坚纸质和革质等，叶先端常为渐尖、基部楔形或近圆形。叶的大小、形状、质地在种内变异较小（图 2.2）。

Ⅰ. 叶表面蜡质

S. pergracilis 和 *S. tetragona* 表面具明显蜡质，其他种则蜡质不明显；

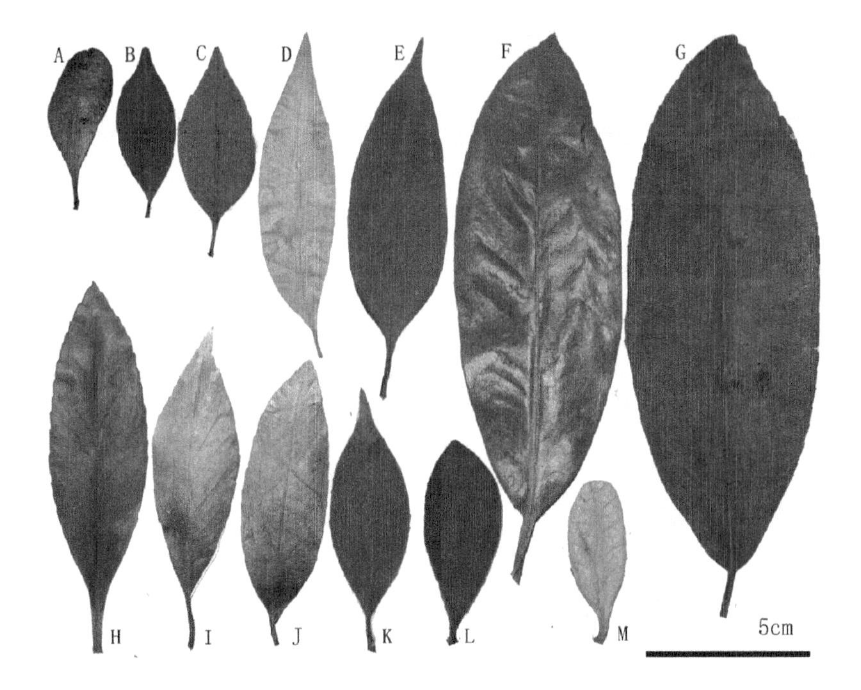

图 2.2 中原氏山矾复合体叶片形态

Figure 2.2 Leaves of *Symplocos nakaharae* Complex

A. *S. pergracilis*; B. *S. migoi*; C. *S. shilanensis*; D. *S. lucida* ssp. *lucida*; E. *S. lucida* ssp. *howii*; F. *S. tetragona*; G. *S. henryi*; H. *S. tanakae*; I. *S. theifolia*; J. *S. setchuensis*; K. *S. multipes*; L. *S. nakaharae*; M. *S. kawakamii*.

Ⅱ. 叶片质地

S. tetragona, *S. lucida* ssp. *lucida* 和 *S. lucida* ssp. *howii* 叶均为厚革质，而 *S. henryi* 叶为纸质，其他种则为薄革质；

Ⅲ. 叶脉

S. kawakamii 最为特殊，其侧脉和网脉均在叶表面突起，而其他种则凹陷；

Ⅳ. 叶边缘

S. kawakamii 叶边缘强烈内卷，其他种叶边缘均不内卷。

选取152份代表标本对叶片长度、叶片宽度和叶柄长度进行了测量和统计，并计算叶片长宽比例，发现这些种的叶片大小与叶柄长度有一定的分类学意义（表2.1）。

表2.1 中原氏山矾复合体叶片数量性状统计

Table 2.1 The Statistics of Quantitative Characters for Leaves of *Symplocos nakaharae* Complex

种名	叶长/cm	叶宽/cm	叶柄长/cm	长宽比
S. boninensis	7.50	3.75	1.50	2.00
S. henryi	17.11	6.57	1.85	2.60
S. lucida ssp. *lucida*	7.81	3.28	0.80	2.38
S. lucida ssp. *howii*	8.48	2.53	0.35	3.35
S. kawakamii	2.82	1.18	0.50	2.39
S. kuroki	5.91	2.43	0.61	2.43
S. multipes	6.25	2.43	0.70	2.57
S. nakaharae	5.50	2.50	0.70	2.20
S. pergracilis	4.50	1.70	1.00	2.65
S. phyllocalyx	9.05	3.33	1.33	2.72
S. setchuensis	7.87	2.71	0.75	2.90
S. tanakae	9.50	2.41	1.80	3.94
S. tetragona	15.20	5.43	1.69	2.80
S. shilanensis	4.32	1.83	0.50	2.36
S. migoi	5.00	1.80	0.60	2.78

由图2.3和图2.4可见，有3种叶片的长度和宽度的平均值与其他种差异显著，*S. henryi*（17cm×6.6cm）和*S. tetragona*（15cm×5.4cm）叶片较大，*S. kawakamii*叶片最小，而其余种叶长均属于连续过渡，而叶片长宽比则无明显区别（图2.5）。

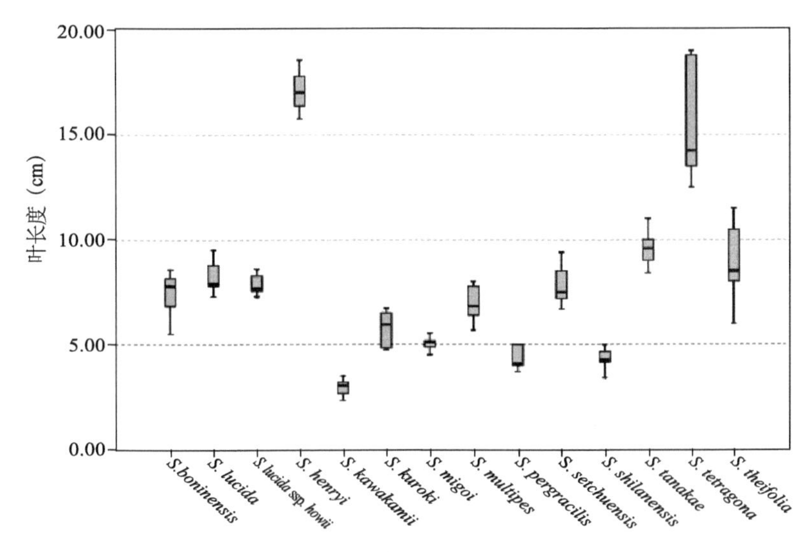

图 2.3　中原氏山矾复合体叶长度

(黑色横线表示中位数，灰色盒表示 25%—75%，竖线表示 5%—95%)

Figure 2.3　Leaf Length of *Symplocos nakaharae* Complex

(Black bar = mean, grey box = 25%-75%, line = 5%-95%)

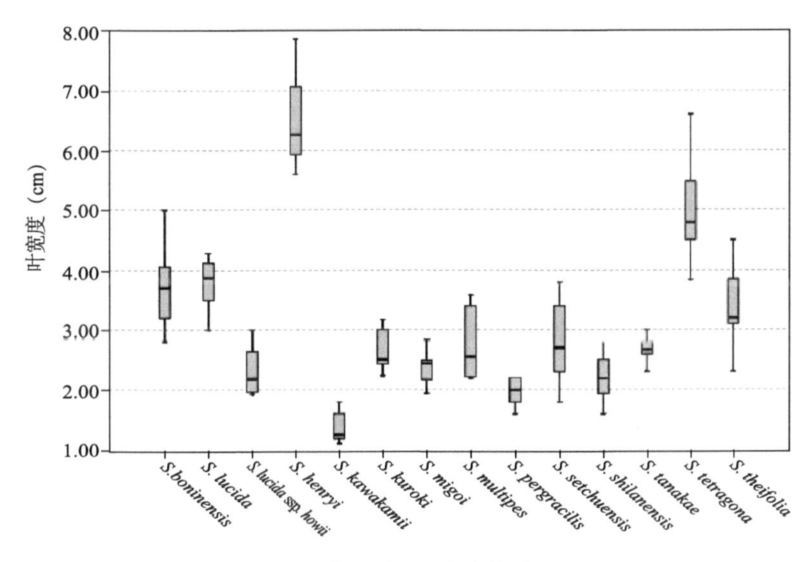

图 2.4　中原氏山矾复合体叶宽度

(黑色横线表示中位数，灰色盒表示 25%—75%，竖线表示 5%—95%)

Figure 2.4　Leaf Length of *Symplocos nakaharae* Complex

(Black bar = mean, grey box = 25%-75%, line = 5%-95%)

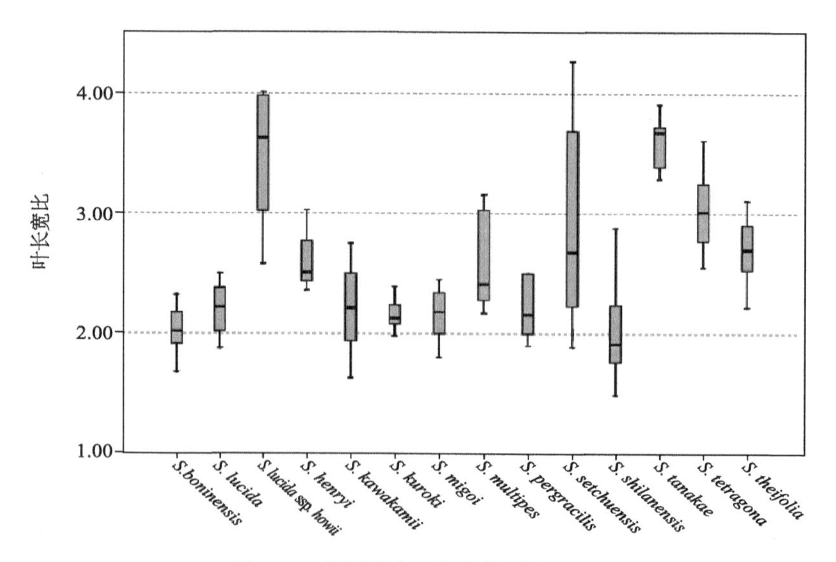

图 2.5 中原氏山矾复合体叶长宽比

（黑色横线表示中位数，灰色盒表示 25%—75%，竖线表示 5%—95%）

Figure 2.5 Leaf Length / Width Ratio of *Symplocos nakaharae* Complex

(Black bar = mean, grey box = 25%-75%, line = 5%-95%)

由图 2.6 可以看出，叶柄最长的为 *S. henryi*：1.85cm，其次为 *S. tetragona*：1.69cm，*S. boninenis*：1.50cm，和 *S. theifolia*：1.33cm。叶柄长度在区分物种时可以起到辅助作用，如 *S. theifolia* 的叶柄总大于 1.00cm，而 *S. setchuensis* 则小于 1.00cm。

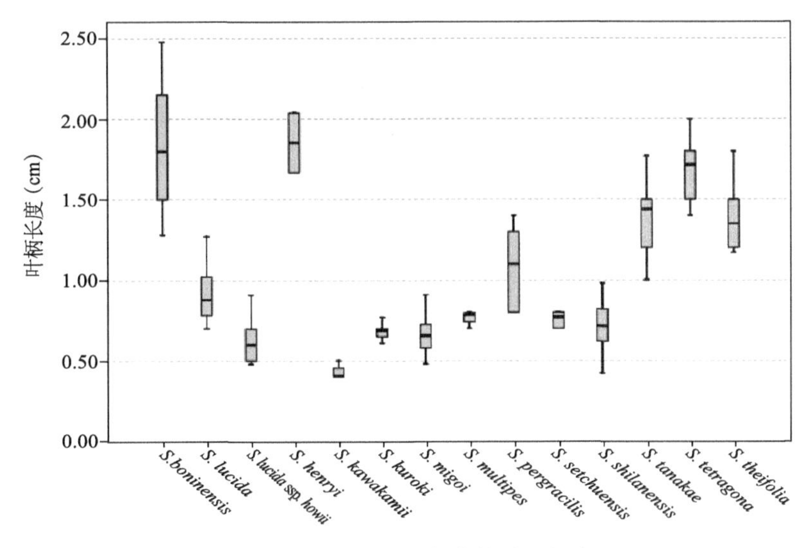

图 2.6 中原氏山矾复合体叶柄长度
(黑色横线表示中位数，灰色盒表示 25%—75%，竖线表示 5%—95%)

Figure 2.6 Petiole Length of *Symplocos nakaharae* Complex
(Black bar = mean, grey box = 25%-75%, line = 5%-95%)

2.2.3 花序

中原氏山矾复合体中花序多样，有总状花序、穗状花序和团伞花序(表 2.2，图 2.7)。花序的类型、长度和每个花序上花的数目等特征在复合体中有重要的分类学意义。

表 2.2 中原氏山矾复合体花序特征

Table 2.2 Inflorescence Characters of *Symplocos nakaharae* Complex

种名	花序长度/mm	每个花序上花的数目	花序类型
S. boninensis	7—10	1—3	短穗状花序
S. lucida	10—20	4—7	总状花序
S. lucida ssp. *howii*	10—20	4—7	总状花序
S. henryi	6—20	3—5	总状花序

续表

种名	花序长度/mm	每个花序上花的数目	花序类型
S. kawakamii	5—25	3—10	短穗状花序
S. nakaharae	7—10	3—8	短穗状花序
S. migoi	5—10	2—4	短穗状花序
S. multipes	10—30	3—8	总状花序
S. pergracilis	3—5	1（—2）	短穗状花序
S. theifolia	8—25	3—6	短穗状花序
S. setchuensis	0	3—8	团伞花序
S. shilanensis	5—10	2—3	短穗状花序
S. tanakae	7—10	5—8	短穗状花序
S. tetragona	40—80	15—30	穗状花序

花序共有 4 种类型：

Ⅰ. 总状花序

花序单生或自中部分枝，每个花序上具 2—8 朵具梗的小花，花梗长 3—6mm（图 2.7A）。

包括 *S. lucida* ssp. *lucida*，*S. lucida* ssp. *howii*，*S. henryi* 和 *S. multipes*。

Ⅱ. 长穗状花序

花序开展，基部多具三分枝，花序轴长 4—8cm，每个花序上具 15—40 朵无梗的小花（图 2.7B）。

仅包括 *S. tetragona* 1 种。

Ⅲ. 短穗状花序

花序紧缩，不分枝，花序轴长 0.6—3cm，每个花序上具 1—8 朵无梗的小花（图 2.7C）。

包括 *S. pergracilis*，*S. boninensis*，*S. kawakamii*，*S. theifolia*，*S. migoi*，*S. shilanensis*，*S. tanakae* 和 *S. nakaharae*。

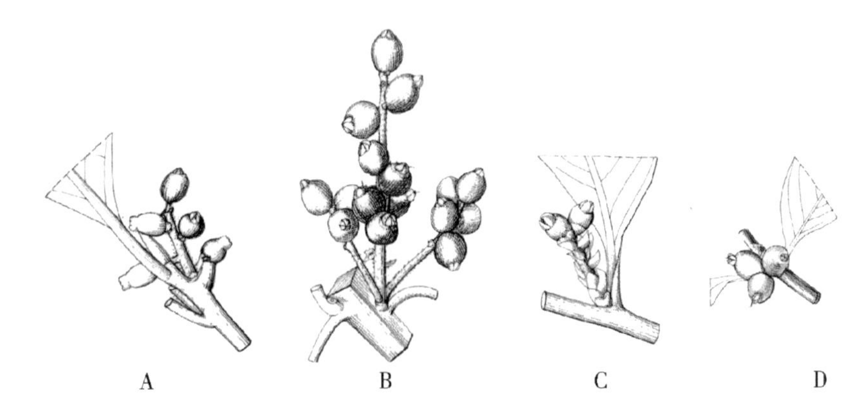

图 2.7 中原氏山矾复合体花序类型：
A. 总状花序；B. 长穗状花序；C. 短穗状花序；D. 团伞花序

Figure 2.7 Inflorescence Types of *Symplocos nakaharae* Complex
A. Racemes; B. Long spike; C. Condensed spike; D. Glomerule.

Ⅳ. 团伞花序（图 2.7D）：花序极度缩短，无轴，每个花序上具花3—8朵。

仅包括 *S. setchuensis* 1 种。

2.2.4 花

2.2.4.1 苞片

复合体花下方着生 1 苞片及 2 小苞片；苞片及小苞片边缘常具腺状缘毛。

2.2.4.2 花萼

花萼基部合生呈筒状，与子房连生，子房下位，花萼 5 裂，覆瓦状排列或镊合状排列，基部合生。花萼具缘毛，萼片主体部位光滑至密被毛。

高信芬（2006）描述了一个新变种——毛萼茶条果（*S. ernestii* var. *pubicalyx*），她认为此变种与原变种的唯一区别就是变种的花萼密被毛。经笔者观察，同样的现象存在于 *S. setchuensis* 的标本中，*S. setchuensis* 和 *S. theifolia* 确实有一部分花萼是被毛的，一部分则仅具缘毛，但是有的种在一个花序上既有花萼被毛的也有花萼不被毛的花出现，故本书中将此变种处理为一个新异名。因此，毛被这一性状作为分类学的鉴定性状在山矾科中应当谨慎应用（Hardin，1966）。

2.2.4.3 花冠

花冠合生呈筒状，5 裂，长 3—5（—7.5）mm，仅基部合生；花白色或浅黄色，裂片覆瓦状排列。

2.2.4.4 雄蕊

雄蕊多数，贴生于花冠管基部，15—120 枚，分为 5 束（图 2.8），每束从 3—22 个不等；花药球形，2 室；花柱 1，线形，柱头较小，2—3 裂。

雄蕊数目在个别种中有一定分类意义。如形态非常相近的 *S. lucida* ssp. *lucida* 和 *S. lucida* ssp. *howii*，其雄蕊数目一个为 60—80 枚，一个为 30—50 枚（表 2.3）。

经过野外观察和标本解剖观察发现 *S. phyllocalyx*（=*S. theifolia*）与 *S. lucida* Wall. ex D. Don，*S. nakaharae*，*S. setchuensis*，*S. tetragona* 一样，雄蕊均为五体，而否认了 Wu & Huang（1987）和 Gao（2006）所描述的“叶萼山矾（*S. phyllocalyx*）花丝基部不连成五体”的说法。

表2.3 中原氏山矾复合体雄蕊数目

Table 2.3 Variations of Stamen Numbers in *Symplocos nakaharae* Complex

种名	雄蕊数目
S. theifolia	15—30
S. multipes	20—25
S. tetragona	20—25
S. kuroki	20—40
S. nakaharae	20—30
S. setchuensis	20—30
S. lucida ssp. *howii*	35—50
S. lucida ssp. *lucida*	60—80
S. tanakae	60—75
S. henryi	60—70
S. boninensis	70—90
S. kawakamii	60—100
S. pergracilis	100—120

2.2.4.5 花盘

花盘隆起，围绕在花柱基部，通常呈放射状、枕形、低矮圆柱状，具5腺体，基部具长柔毛（图2.8）。

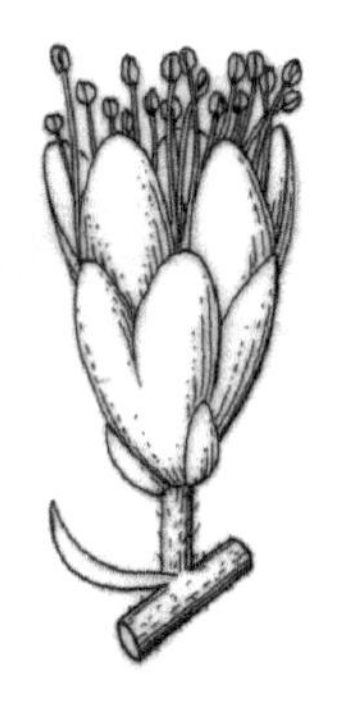

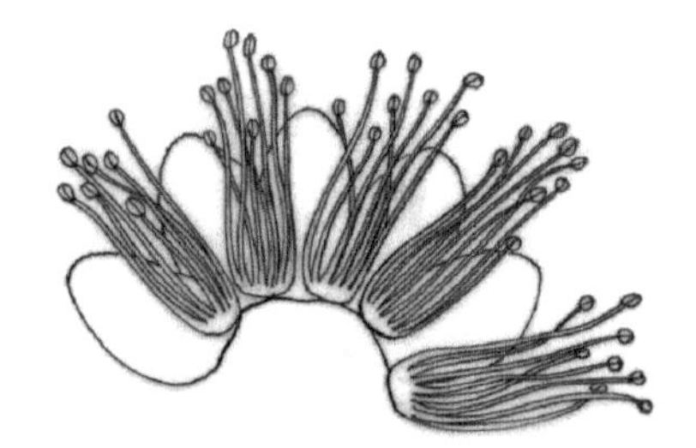

图2.8 中原氏山矾复合体花的形态特征

Figure 2.8 The Morphology of Flowers in *Symplocos nakaharae* Complex

2.2.5 果实

中原氏山矾复合体的果实为单核核果，成熟时呈天蓝色至蓝黑色（*S. shilanensis* 成熟时呈紫色），椭圆形至倒卵形（*S. tanakae* 和 *S. kawakamii* 果实稍呈球形），果实先端具 5 个宿存的花萼裂片，直立或开展（*S. boninensis* 花萼裂片内折），长 8—15mm，宽 4—8mm。

果实由极薄的纸质外果皮、肉质的中果皮包裹着坚硬的核，外果皮与中果皮均由肉质花托发育而成，核由 2—3 个合生心皮发育而成，中轴胎座，全部发育或部分室败育，种子每室 1—2 个，胚直伸或弯曲。

2.2.5.1 外形

果实长度：由图 2.9 可见，果实长度中最大的为 *S. henryi*，平均长

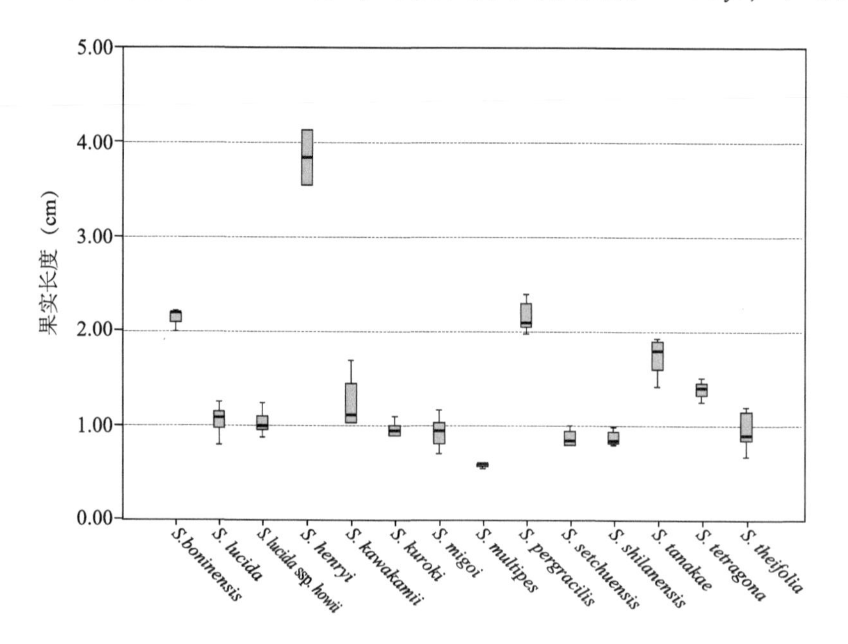

图 2.9 中原氏山矾复合体果实长度
（黑色横线表示中位数，灰色盒表示 25%—75%，竖线表示 5%—95%）

Figure 2.9 Fruit Length of *Symplocos nakaharae* Complex
（Black bar=mean，grey box=25%-75%，line=5%-95%）

度为 3.84cm，远远超出其他种，其次是产于日本四国和九州的 *S. tanakae* 与小笠原群岛上特有的 3 种：*S. kawakamii*，*S. pergracilis*，*S. boninenis* ，果实平均长度分别为 1.98cm，1.60cm，2.04cm，2.20cm，其他种果实长度均小于 1.50cm，且区别不大，难以分开。

果实直径：由图 2.10 可见，果实直径也是 *S. henryi* 最大，平均直径为 1.75cm，*S. kawakamii*，*S. tanakae* ，*S. boninenis* 果实平均直径分别为 1.20cm，1.35cm，1.10cm，其余种果实直径均小于 1.00cm，有重叠，区别不大。

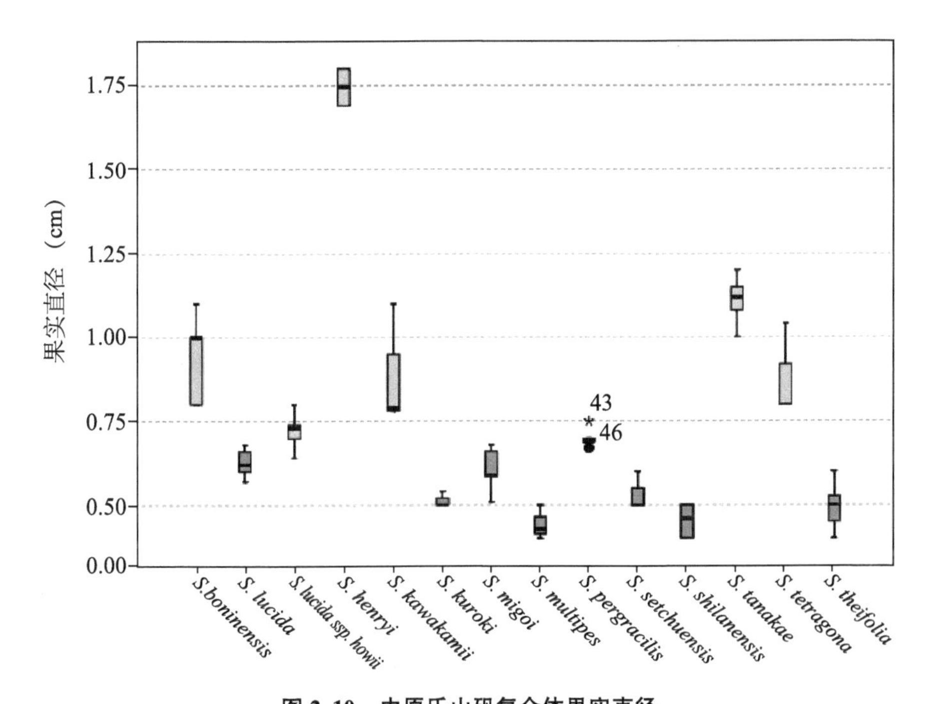

图 2.10　中原氏山矾复合体果实直径

（黑色横线表示中位数，灰色盒表示 25%—75%，竖线表示 5%—95%，星号与圆点表示离群点）

Figure 2.10　Fruit Diameter of *Symplocos nakaharae* Complex

（Black bar = mean，grey box = 25%-75%，line = 5%-95%，star & circle = outlier）

果实长直比：由图 2.11 和表 2.4 可见，果实长直比最大的是 *S. pergracilis*，平均值为 3.00，其果实为近圆柱形，其他种长直比均小于3.00，有重叠。果实形态如图2.12所示。

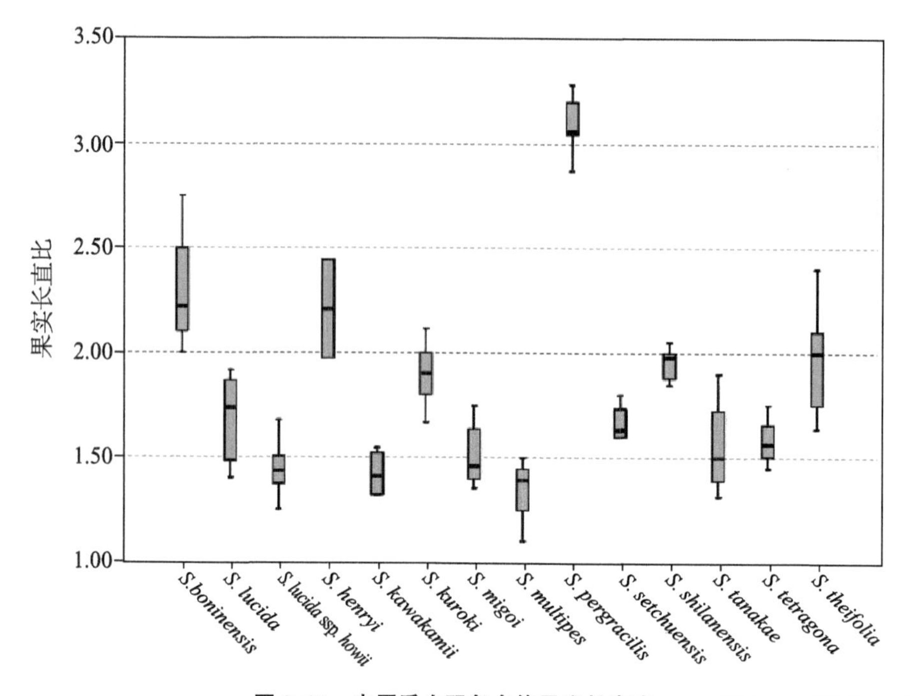

图2.11 中原氏山矾复合体果实长直比

（黑色横线表示中位数，灰色盒表示25%—75%，竖线表示5%—95%）

Figure 2.11 Fruit Length/Diameter of *Symplocos nakaharae* Complex

（Black bar=mean，grey box=25%-75%，line=5%-95%）

表2.4 中原氏山矾复合体果实大小及其变异

Table 2.4 Measurements of Fruits in *Symplocos nakaharae* Complex

种名	果实长度（cm）	果实直径（cm）	果实平均长直比
S. boninensis	2.0—2.5	0.8—1.3	2.00
S. henryi	3.0—4.5	1.6—2.5	2.19
S. lucida ssp. *lucida*	1.0—1.3	0.6—0.8	2.04
S. lucida ssp. *howii*	1.0—1.3	0.6—0.7	2.00
S. kawakamii	1.2—2.0	0.8—1.2	1.33
S. nakaharae	0.9—1.3	0.5—0.8	2.04

续表

种名	果实长度（cm）	果实直径（cm）	果实平均长直比
S. migoi	0. 8—1. 3	0. 5—0. 7	1. 83
S. multipes	0. 5—0. 7	0. 4—0. 6	1. 32
S. pergracilis	2. 0—2. 5	0. 7—1. 2	3. 00
S. theifolia	0. 6—1. 5	0. 4—0. 7	1. 98
S. setchuensis	0. 8—1. 2	0. 4—0. 7	1. 66
S. shilanensis	0. 8—1. 0	0. 4—0. 6	2. 00
S. tanakae	1. 8—2. 5	1. 5—2. 0	1. 47
S. tetragona	1. 4—1. 8	0. 8—1. 0	1. 66
S. theifolia	0. 6—1. 5	0. 4—0. 7	1. 29

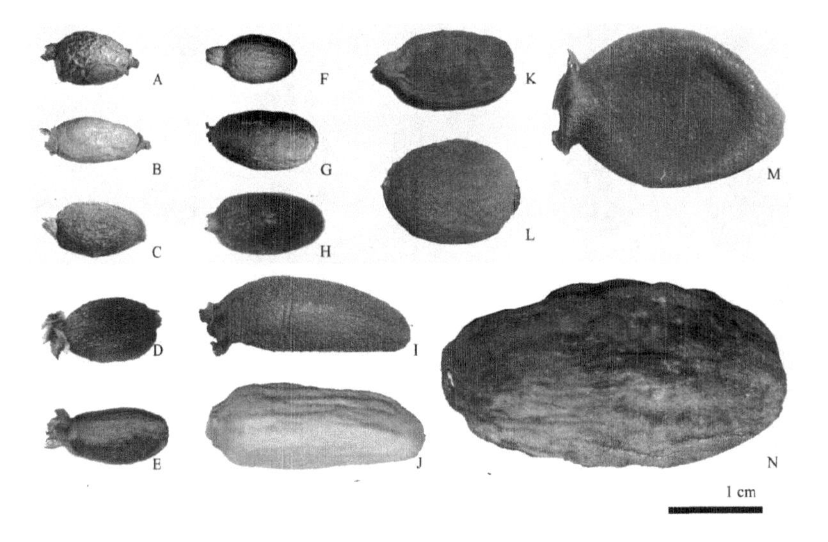

图 2. 12 中原氏山矾复合体的果实形态

Figure 2. 12 Morphology of Fruits in *Symplocos nakaharae* Complex

A. *Symplocos migoi*; B. *S. shilanensis*; C. *S. nakaharae*; D. *S. setchuensis*; E. *S. theifolia*; F. *S. multipes*; G. *S. lucida* ssp. *lucida*; H. *S. lucida* ssp. *howii*; I. *S. pergracilis*; J. *S. boninensis*; K. *S. tetragona*; L. *S. kawakamii*; M. *S. tanakae*; N. *S. henryi*.

2.2.5.2 结构

横切面形状：果实横切面多为圆形（*S. boninensis* 为三角形），区别较小的 *S. lucida* ssp. *lucida*（0.40—0.65cm）和 *S. lucida* ssp. *howii*（0.60—0.80cm）两者，前者的果实直径均小于后者，同时后者果实内果皮具深入达中部棱（图 2.13）。

心皮数目：山矾属的心皮数目为 1—5，亚洲的物种除 *S. paniculata*、*S. kuroki* 和 *S. nakaharae* 这 3 种的子房为 2 室外，其他种均为 3 室。根据心皮室数及发育程度可以分为以下 4 个类型：

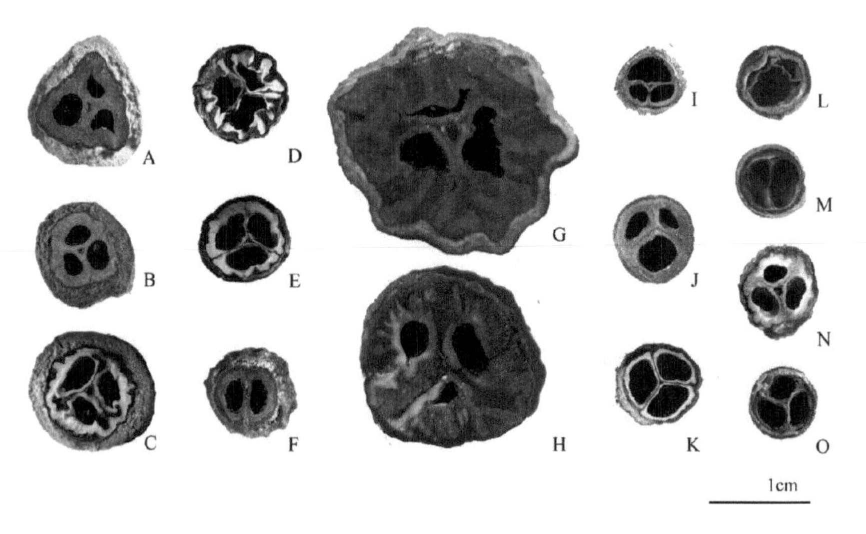

图 2.13 中原氏山矾复合体的果实横切面

Figure 2.13 Transections of Fruits in *Symplocos nakaharae* Complex

A. *Symplocos boninensis*; B. *S. pergracilis*; C. *S. kawakamii*; D. *S. lucida* ssp. *lucida*; E. *S. lucida* ssp. *howii*; F. *S. nakaharae*; G. *S. henryi*; H. *S. tanakae*; I. *S. multipes*; J. *S. migoi*; K. *S. setchuensis*; L & M. *S. theifolia*; N. *S. tetragona*; O. *S. shilanensis*.

Ⅰ. 3 心皮均可育，3 室等大

包括 *S. setchuensis*（图 2. 13K），*S. tetragona*（图 2. 13N），*S. lucida* ssp. *lucida*（图 2. 13D），*S. lucida* ssp. *howii*（图 2. 13E），*S. shilanensis*（图 2. 13O），*S. pergracilis*（图 2. 13B），*S. tanakae*（图 2. 13H）和 *S. kawakamii*（图 2. 13C）；

Ⅱ. 3 心皮不等发育，1—2 室稍大，3 室均可育

包括 *S. henryi*（图 2. 13G），*S. multipes*（图 2. 13I）和 *S. migoi*（图 2. 13J）；

Ⅲ. 3 心皮有 1—2 室退化不可育

包括 *S. theifolia*（图 2. 13L 和 M）；

Ⅳ. 2 心皮均可育，2 室等大

包括 *S. nakaharae*（图 2. 13F）。

内果皮表面：剥开果实外果皮与中果皮，可见内果皮表面从光滑至具脊状或翅状突起，可以分为 3 种类型。

Ⅰ. 光滑

包括 *S. theifolia*（图 2. 13L 和 M），*S. multipes*（图 2. 13I），*S. shilanensis*（图 2. 13O），*S. migoi*（图 2. 13J）和 *S. nakaharae*（图 2. 13F）；

Ⅱ. 稍波状或具浅纵棱

包括 *S. lucida* ssp. *howii*（图 2. 13E），*S. tetragona*（图 2. 13N），*S. boninensis*（图 2. 13A），*S. kawakamii*（图 2. 13C）和 *S. henryi*（图 2. 13G）；

Ⅲ. 具脊或翅状突起

包括 *S. lucida* ssp. *lucida*（图 2. 13D）和 *S. tanakae*（图 2. 13H）。

内果皮质地：纸质至骨质，可分为 4 种类型：

Ⅰ. 内果皮纸质，薄且易碎

S. theifolia（图 2. 13L 和 M）；

Ⅱ. 内果皮薄木质，厚达 1mm

S. nakaharae（图 2. 13F），*S. migoi*（图 2. 13J），*S. multipes*（图 2. 13I）和 *S. setchuensis*（图 2. 13K）；

Ⅲ. 内果皮厚木质，厚 2—8mm

S. boninensis（图 2. 13A），*S. pergracilis*（图 2. 13B）和 *S. tanakae*（图 2. 13H），厚达 2mm，*S. henryi*（图 2. 13G），厚 5—8mm；

Ⅳ. 内果皮骨质，厚 2—4mm

S. lucida ssp. *lucida*（图 2. 13D），*S. lucida* ssp. *howii*（图 2. 13E），*S. kawakamii*（图 2. 13C），*S. tetragona*（图 2. 13N）和 *S. shilanensis*（图 2. 13O）。

心皮合生程度：心皮为先天性合生，由于合生程度的不同，隔膜可见或不可见（图 2. 14）。

Ⅰ. 心皮部分合生，隔膜明显，果实横切面上可以明显看到心皮合生留下的遗迹线（图 2. 14A）；

包括 *S. setchuensis*，*S. lucida* ssp. *lucida*，*S. lucida* ssp. *howii* 和 *S. nakaharae*。

Ⅱ. 心皮部分合生，隔膜退化，果实横切面上仅可以看到心皮合生留下的部分遗迹线（图 2. 14B）；

包括 *S. kawakamii*，*S. migoi*，*S. multipes*，*S. shilanensis*，*S. tetragona* 和 *S. theifolia*。

Ⅲ. 心皮完全合生，隔膜消失，果实横切面上无合生遗迹线（图 2. 14C）。

包括 *S. henryi*，*S. tanakae*，*S. pergracilis* 和 *S. boninensis*。

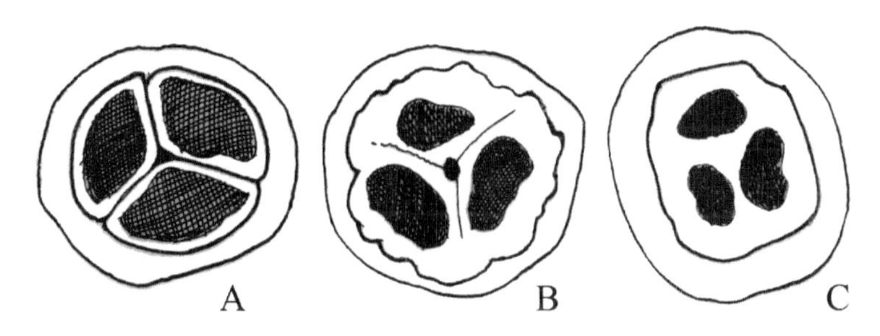

图 2.14　中原氏山矾复合体果实心皮合生程度

Figure 2.14　The Degrees of Fusion of Carpels in *Symplocos nakaharae* Complex

2.2.6　种子及胚

子房室每室均发育或仅1室发育，每室常仅有1粒种子发育，直线形、略弯或弯曲，种皮薄，表面具纵向条纹，胚藏于肥厚的胚乳中，形态与种子相同。种子及胚的形态和果实形状有着密切的关系，通常果实呈圆形或壶形者，其胚及种子呈弯曲状，圆柱形的果实的种子及胚则呈直线状；果实呈卵圆形及椭圆形者，其种子及胚呈弯曲或直线形。

山矾属的化石大概有25种，均发现自欧洲和日本，其中22种出现在欧洲的具有直的种子，都属于Subg. *Hopea*，其他3种出现在日本，都具弯曲的种子。直胚化石出现于始新世，弯曲的胚的化石出现于上新世，故推测直伸的种子代表更为原始的类群（Mai & Martinetto，2006）。东南亚地区的种类大部分具弯曲的种子，与化石一致，故推测欧洲可能为山矾科的起源地（Nooteboom，1975）。

附表

表 2.5　中原氏山矾复合体果实的侧面观和横切面观材料来源

Table 2.5　Source of Materials for External and Internal Structures of Fruits in *Symplocos nakaharae* Complex

种名	图版	采集信息	采集地点
S. boninensis	2.12J 和 2.13A	H. Tabata & Y. Shimizu, 79-51	Japan. Bonin(TI)
S. henryi	2.12N 和 2.13G	K. M. Feng, 4637	China. Yunnan: Pingbian(KUN)
S. kawakamii	2.12L 和 2.13C	G. Murata et al., 110	Japan. Bonin: Chichijima (TI)
S. lucida ssp. *lucida*	2.12G 和 2.13D	Y. Tsiang, 233	China. Guangdong(PE)
S. lucida ssp. *howii*	2.12H 和 2.13E	anonymous, s. n.	China. Hainan(PE)
S. nakaharae	2.12C 和 2.13F	M. Togasi, 1800	Japan. Honshu: Hikarishi in Suwo (PE)
S. migoi	2.12A 和 2.13J	J. C. Wang et al., 8611	China. Taiwan, Hualian(TAI)
S. multipes	2.12F 和 2.13I	anonymous, s. n.	China. Sichuan(SZ)
S. pergracilis	2.12I 和 2.13B	F. Miyoshi, 11306	Japan. Bonin(PE)
S. setchuensis	2.12D 和 2.13K	B. Liu, 255	China. Jiangxi: Jiujiang(PE)
S. shilanensis	2.12B 和 2.13O	S. M. Liu, 271	China. Taiwan, Manchou(TAI)
S. tanakae	2.12M 和 2.13H	S. Amino et al., 260	Japan. Kyushu: Kagoshima(TI)
S. tetragona	2.12K 和 2.13N	B. Liu, 5	China. Zhejiang: Hangzhou(PE)
S. theifolia	2.12E 和 2.13L, M	B. Liu, 180	China. Sichuan: Jianwei(PE)

表 2.6　中原氏山矾复合体果实解剖特征

Table 2.6　Anatomy Characters of Fruits in *Symplocos nakaharae* Complex

Taxon	Fig. 2.12	Infructescence	Infructescences length(cm)	Fruit shape	Fruit length× width(mm)	Num. of fruits/ infructescences	Color of mature fruit	Calyx lobe
S. boninensis	J	Axillary contracted spikes, branched from base	Less than 1	Narrowly obovoid	(20–25)×(8–13)	1–3	Blue	Bending inwards
S. henryi	N	Axillary racemes, single	0.6–2	Broadly obovoid	(35–45)×(16–25)	1–5	Blue	Erect or spread
S. kawakamii	L	Axillary contracted spikes, branched	0.5–2.5	Globose or broadly obovoid	(12–20)×(8–12)	1–5	Blue	Erect or spread
S. lucida ssp. *lucida*	G	Axillary racemes, branched	1–2	Broadly obovoid	(10–13)×(6–8)	2–5	Blue	Erect or spread
S. lucida ssp. *howii*	H	Axillary racemes, branched	1–2	Broadly obovoid	(10–13)×(6–8)	2–5	Blue	Erect or spread
S. nakaharae	C	Axillary contracted spikes, basally branched	Less than 1	Ellipsoidal	(9–13)×(5–8)	3–8	Blue	Erect or spread
S. migoi	A	Axillary contracted spikes, simple or branched	Less than 1	Ellipsoidal	(8–13)×(5–7)	1–3	Blue	Erect or spread
S. multipes	F	Axillary racemes, branched	1–3	Ellipsoidal	(5–7)×(4–6)	2–8	Blue	Erect or spread

续表

Taxon	Fig. 2. 12	Infructescence	Infructescences length (cm)	Fruit shape	Fruit length× width (mm)	Num. of fruits/ infructescences	Color of mature fruit	Calyx lobe
S. pergracilis	I	Axillary reduced contracted spikes, simple	Less than 0. 5	Narrowly obovoid or narrowly ellipsoidal	(20−25)×(7−12)	1 (−2)	Blue	Erect or spread
S. setchuensis	D	Axillary glomerules	0	Ellipsoidal	(8−12)×(5−7)	3−8	Blue	Erect or spread
S. shilanensis	B	Axillary contracted spikes, simple or paniculately branched	Less than 1	Narrowly ellipsoidal	(8−10)×(4−6)	1−3	Purple	Erect or spread
S. tanakae	M	Axillary contracted spikes, branched	Less than 1	Globose to obovoid	(18−25)×(15−20)	1−5	Blue	Erect or spread
S. tetragona	K	Axillary elongated spikes, usually basally 3−branched	4−8	Broadly obovoid	(14−18)×(8−10)	10−40	Blue	Erect or spread
S. theifolia	E	Axillary spikes, simple or bassally branched	0. 8−2. 5	Ellipsoidal	(6−15)×(4−7)	3−8	Blue	Erect or spread

表 2.7 中原氏山矾复合体果实解剖特征

Table 2.7 Anatomy Characters of Fruits in *Symplocos nakaharae* Complex

Taxon	Fig.	Shapes of transverse section	Num. of Locules	Locule development	Degrees of fusion of carpels	Surface of endocarp	Texture of endocarp
S. boninensis	2.13 A	Triangle	3	1 locule slightly bigger, all fertile	Entirely fused, septa disappeared	Smooth	Thick woody, 2 – 4mm thick
S. henryi	2.13 G	Round	3	1 locule degenerated, others fertile	Entirely fused, septa disappeared	Longitudinally ridged	Thick woody, 5 – 8mm thick
S. kawakamii	2.13 C	Round	3	Equal, fertile	Partly fused, septa reduced	Slightly striate	Stony
S. lucida ssp. *lucida*	2.13 D	Round	3	Equal, fertile	Partly fused, septa obvious	With 8 – 12 longitudinally ridges	Stony
S. lucida ssp. *howii*	2.13 E	Round	3	Equal, fertile	Partly fused, septa obvious	Longitudinally striate	Stony
S. nakaharae	2.13 F	Round	2	Equal, fertile	Partly fused, septa obvious	Smooth	Woody
S. migoi	2.13 J	Round	3	1 locule slightly bigger, all fertile	Partly fused, septa reduced	Smooth	Woody
S. multipes	2.13 I	Round	3	1 locule much bigger, all fertile	Partly fused, septa reduced	Smooth	Woody

续表

Taxon	Fig.	Shapes of transverse section	Num. of Locules	Locule development	Degrees of fusion of carpels	Surface of endocarp	Texture of endocarp
S. pergracilis	2. 13 B	Round	3	Equal, fertile	Entirely coalescent, septa disappeared	Smooth	Thick woody, 2－4mm thick
S. setchuensis	2. 13 K	Round	3	Equal, fertile	Partly fused, septa obvious	Slightly striate	Stony
S. shilanensis	2. 13 O	Round	3	Equal, fertile	Partly fused, septa reduced	Smooth	Woody
S. tanakae	2. 13 H	Round	3	Almost equal, fertile	Entirely coalescent, septa disappeared	More than 10 longitudinally wings	Thick woody, 4－6mm thick
S. tetragona	2. 13 N	Round	3	Equal, fertile	Partly fused, septa reduced	Smooth or slightly striate	Thick stony, 2－4mm thick
S. theifolia	2 L 和 M	Round	3	1 or 2 locules degenerated, others fertile	Partly fused, septa reduced	Smooth	Chartaceous

山矾科（Symplocaceae），特有物种共计 23 种。特有种是指其自然分布完全局限于中国行政辖区范围内的物种。

表 2.8 山矾科 29 种植物中国省区级分布

Table 2.8 The Provincinal Distribution of 29 Species of Symplocaceae

种中文名	种学名	省区级分布	信息源
腺柄山矾	*Symplocos adenopus* Hance	湖南，贵州，福建，广东，广西，云南，海南	FOC
南国山矾	*Symplocos austrosinensis* Hand. -Mazz.	湖南，贵州，广东，广西	FOC
潮安山矾	*Symplocos chaoanensis* F. G. Wang et H. G. Ye	广东	CNPC
密花山矾	*Symplocos congesta* Benth.	浙江，江西，湖南，福建，台湾，广东，广西，云南，海南	FOC
厚叶山矾	*Symplocos crassilimba* Merr.	海南	FOC
柃叶山矾	*Symplocos euryoides* Hand. -Mazz.	海南	FOC
三裂山矾	*Symplocos fordii* Hance	广东	FOC
福建山矾	*Symplocos fukienensis* Y. Ling	福建	FOC
腺缘山矾	*Symplocos glandulifera* Brand	湖南，广西，云南	FOC
海南山矾	*Symplocos hainanensis* Merr. et Chun ex H. L. Li	广东，海南	FOC
海桐山矾	*Symplocos heishanensis* Hayata	浙江，江西，台湾，广东，广西，云南，海南	FOC
孟莲山矾	*Symplocos menglianensis* Y. Y. Qian	云南	CNPC
拟日本灰木	*Symplocos migoi* Nagam.	台湾	CNPC
长梗山矾	*Symplocos modesta* Brand	台湾	FOC
能高山矾	*Symplocos nokoensis*（Hayata）Kaneh.	台湾	FOC

续表

种中文名	种学名	省区级分布	信息源
单花山矾	*Symplocos ovatilobata* Noot.	海南	FOC
少脉山矾	*Symplocos paucinervia* Noot.	广西	FOC
柔毛山矾	*Symplocos pilosa* Rehder	云南	FOC
卷毛山矾	*Symplocos ulotricha* Y. Ling	福建，广东	FOC
乌饭树叶山矾	*Symplocos vacciniifolia* H. S. Chen et H. G. Ye	广东	CNPC
木核山矾	*Symplocos xylopyrena* C. Y. Wu et Y. F. Wu	云南，西藏	FOC
阳春山矾	*Symplocos yangchunensis* H. G. Ye et F. W. Xing	广东	CNPC
棱核山矾	*Symplocos lucida* ssp. *howii* （Merr. & Chun ex H. L. Li）Bo Liu & H. N. Qin	海南	JSE 文章
枝穗山矾	*Symplocos multipes* Brand	重庆、湖北、广东、广西和四川	JSE 文章
蒙自山矾	*Symplocos henryi* Brand	云南	JSE 文章
棱角山矾	*Symplocos tetragona* F. H. Chen ex Y. F. Wu	福建、湖南、江西	JSE 文章
四川山矾	*Symplocos setchuensis* Brand ex Diels	安徽、福建、广西、湖南、江苏、江西、台湾、云南和浙江	JSE 文章
希兰灰木	*Symplocos shilanensis* Y. C. Liu & F. Y. Lu	台湾	JSE 文章 &（Nagamasu，1998）

表 2.9 中原氏山矾复合体修订的观察记录与初步分类学处理

Table 2.9 Morphological Observations and Preliminary Taxomic Treatment of *Symplocos nakaharae* Complex

处理	FRPS 吴荣芬	海南植物志	云南植物志	区别一	本人观察一	区别二	本人观察二	区别三	本人观察三	FOC (Nooteboom)	刘博处理	模式标本	非模式标本	分布	原始文献
1. 把 *S. phyllocalyx* 并入 *S. theifolia*	*S. theifolia* (茶叶山矾)			花丝基部连成五体(吴荣芬)		核骨质部分分开成三分核(吴荣芬)	未见茶叶山矾果实,未知其是否有退化的室	花盘密被毛(*The Flora of British India*)		*S. lucida*	*S. theifolia*	未见	未见	云南、西藏	已读
1. 把 *S. phyllocalyx* 并入 *S. theifolia*	*S. phyllocalyx* (叶萼山矾)			花丝基部不连成五体(吴荣芬)	花丝基部连成五体,吴荣芬观察错误	核骨质部分不分成三分核(吴荣芬)	叶萼山矾核常有1—2室退化,显著缩小,但是其实其还是三室	花盘被短毛(*The Flora of British India*)	大量标本花盘密被毛,未见被短毛标本	*S. lucida*	*S. theifolia*	见照片	见多数	华东、华南、西南等地	已读(*The Flora of British India* 3(9): 575. 1882.)
2. 把 *S. ridleyi* 并入 *S. crassifolia*	无此异名				模式标本观察:总状花序长约1cm,部分成熟花序下部花具柄,部分花序未长出,呈假团伞状,似无柄					*S. lucida*	*S. crassifolia*	见照片及花序解剖照	未见	新加坡	已读
2. 把 *S. ridleyi* 并入 *S. crassifolia*	*S. crassifolia*				FRPS 描述:总状花序长1—1.5cm,下部花具柄,最上部花几无柄					*S. lucida*	*S. crassifolia*	见照片	约十份	广西、广东、香港(实际分布区更大)	已读
3. 把 *S. howii* 作为 *S. crassifolia* 的亚种	*S. crassifolia*	*S. howii*			果实椭圆形,近柱状,直径常大于0.5cm。雄蕊常为4—5枚	叶片薄革质,果实不具深入中部的纵棱(《海南植物志》)	叶片薄革质,常为窄披针形,宽2—2.5cm;内果皮常具深入中果皮中部的纵棱。		仅分布于海南,为地理亚种	*S. lucida*	*S. crassifolia* subsp. *howii*	见照片	约十份	海南三县特有	已读

续表

处理	FRPS 吴荣芬	海南植物志	云南植物志	区别一	本人观察一	区别二	本人观察二	区别三	本人观察三	FOC（Nooteboom）	刘博处理	模式标本	非模式标本	分布	原始文献
3. 把 *S. howii* 作为 *S. crassifolia* 的亚种	*S. crassifolia*	*S. crassi-folia*			果实长椭圆形，略呈棱形，直径常小于 0.5cm。雄蕊常为 70 枚	叶片厚革质，果实具深入中部的纵棱（《海南植物志》）	叶片厚革质，常为宽披针形，宽 2.5—4cm；内果皮表面平滑或稍具棱，但是不深入中果皮中部		分布于广西、广东、香港（实际分布区更大）	*S. lucida*	*S. crassifolia*	见照片	约十份	广西、广东、香港（实际分布区更大）	已读
4. 归并 *S. phyllocalyx* var. *pubicalyx*	*S. phyllocalyx*		*S. phylloc-alyx* var. *pubic-alyx*	花萼密被毛，原变种花萼光滑，具缘毛	性状稳定，未发现同一植株上存在毛萼和光萼两种类型。同样情况出现于 *S. sethcu-ensis*，但是仅此性状并不足以区分一个变种					*S. lucida*	*S. theifolia*	仅于志书中提出，未见指定标本	约五份		
5. 承认 *S. lucida* 种的地位					果实两室，明显区别于中国的种，另外叶子较小										
6. 承认 *S. setchuensis* 种的地位															

续表

处理	FRPS 吴荣芬	海南植物志	云南植物志	区别一	本人观察一	区别二	本人观察二	区别三	本人观察三	FOC (Nooteboom)	刘博处理	模式标本	非模式标本	分布	原始文献
7. 承认 *S. henryi* 种的地位					在 KUN 发现了两份带果实标本，果实长达 3cm，叶也较大，明显区别于其他种，经确认表面光滑，非 Styraceae。原模式仅有花，故欲指定 KUN 一标本作为其果实模式					*S. lucida*	*S. henryi*	见模式 *PE*	三份	云南蒙自县	已读
8. 承认 *S. crassifolia* 种的地位															
9. 承认 *S. tetragona* 种的地位					花序长达 6cm，每个花序上花的数目多达 20 个，枝条上具棱角		气孔周围角质层厚，形成近环状覆盖气孔边缘。有别于国产组内其他种								已读
10. 发现新变种 *S. congesta* var.					花蓝色，嫩枝常无毛，有别于原变种花白色，嫩枝常密被锈色毛。其他无异，分布于浙江龙泉和百山祖一带										

Nagamasu, H. 1998. Symplocaceae. in: *Flora of Taiwan* Editorial Committee, (ed), *Flora of Taiwan Vol*. 4. Editorial Commiittee of the *Flora of Taiwan*, Taipei.

表 2.10 原产日本的中原氏山矾复合体物种的中文名拟定

Table 2.10 The Texual Research of Japanese Endemic Species of *Symplocos nakaharae*

<table>
<tr><td>1</td><td>田中山矾</td><td>S. tanakae Matsumura</td><td>产日本:四国、九州</td></tr>
<tr><td colspan="4">“Tanakae”是日本人姓氏“Tanaka”(田中)的拉丁化</td></tr>
<tr><td>2</td><td>中原氏山矾</td><td>S. nakaharae(Hayata) Masamune</td><td>产日本:琉球群岛</td></tr>
<tr><td colspan="4">“Nakaharae”是日本人姓氏“Nakahara”(中原)的拉丁化
Rhamnus nakaharae,中原氏鼠李
Peperomia nakaharae Hayata,山椒草
Epigeneium nakaharae(Schltr.) Summerh,台湾厚唇兰</td></tr>
<tr><td>3</td><td>川上山矾</td><td>S. kawakamii Hayata</td><td>产日本:小笠原群岛</td></tr>
<tr><td colspan="4">“Kawakamii”是日本人姓氏“Kawakamii”(川上)
日本观赏植物中称:小笠原黑木
Rubus kawakamii Hayata,桑叶悬钩子
Acer kawakamii Koidzumi,尖叶槭
Paulownia kawakamii Ito,白桐</td></tr>
<tr><td>4</td><td>细枝山矾</td><td>S. pergracilis (Nakai) Yamazaki</td><td>产日本:小笠原群岛</td></tr>
<tr><td colspan="4">“Pergracilis”是纤细的意思。
日本观赏植物中称:父岛黑木
Scleria pergracilis(Nees) Kunth,纤秆珍珠茅
Carex pergracilis Nelmes,纤细薹草</td></tr>
<tr><td>5</td><td>光亮山矾</td><td>S. kuroki Nagamasu</td><td>产日本:本州、四国、九州</td></tr>
<tr><td colspan="4">原名“lucida”为光亮之意。</td></tr>
<tr><td>6</td><td>小笠原山矾</td><td>S. boninensis Rehder et Wison</td><td>产日本:小笠原群岛</td></tr>
<tr><td colspan="4">因产于小笠原群岛 Bonin Isls. 故命名为小笠原山矾。
Selaginella boninensis Bak. ,小笠原卷柏</td></tr>
</table>

第3章　叶表皮微形态

植物分类研究过程中，叶是仅次于花和果实的用于分类的特征（Stace，1965；Hickey，1973）。叶微观形态特征在现代植物分类学的研究中越来越多地被应用到疑难类群的分类鉴定中，例如叶表皮细胞形状及垂周壁式样、气孔器类型及其相关的一些数据等，这些微观形态特征已经被证实是一类有运用价值的分类学特征。

在高等植物中，叶片形态解剖也常用在种间分类上（Heywood & Moore，1984）。叶表皮特征对于探讨植物类群间的系统发育关系有非常特殊的意义，这一点已经在许多的被子植物类群中得以证实。例如陈晓亚等（1993）通过对竹属27个种的叶表皮特征的观察，认为叶表皮特征为一些种的相互亲缘关系以及它们在属内的系统位置提供了新的证据；Ding等（2008）认为叶表皮特征对栒子属的15个种的组的划分及种的划分均有重要的意义。

目前山矾科叶表皮微形态方面的研究尚未开展。鉴于此，要解决这个疑难复合体的分类学问题，急需寻找新的具有分类学价值的证据。因此笔者在光学显微镜（LM）下对中原氏山矾复合体6种植物和电镜（SEM）下对复合体13种1亚种植物的叶表皮特征进行了观察，并对其观察结果进行了分析，发现叶表皮细胞形状、大小、副卫细胞的大小、垂周壁样式及气孔器类型均有一定的分类学意义，为中原氏山矾复合体的分类提供了新的证据。

3.1 材料及方法

3.1.1 光镜

实验材料取自腊叶标本或野外采集时固定在FAA中的材料，选取的叶片都是成熟健全的叶片。

直接将叶片从FAA固定液中取出，用水洗去FAA溶液，放入35% NaClO溶液。少数叶片取自干燥的凭证标本上，则选取成熟、完好的叶片，连同中脉（便于判断上、下表皮）剪取数段；用沸水浸泡数分钟后（时间因材料而定），将材料投入冷水中浸泡数分钟；倾去冷水，放入35%NaClO溶液。将放入35%NaClO溶液的叶片置于恒温30℃的恒温箱中2—3小时（时间因材料而定）；在处理过程中，每隔1小时取出检查，直到叶肉与叶表皮能够完全剥离。撕下叶表皮后，在清水中将其洗干净，然后置于载玻片上，用1%的番红酒精染色，酒精系列脱水，滴加二甲苯使之透明后，用加拿大树胶封片（秦卫华 et al.，2003）。

拍照：选取气孔器类型典型的位置，在Olympus BH-2光学显微镜下观察，拍照。

测量：在光学显微镜（10×40）下进行测量，选取不同视野的20个气孔，测量保卫细胞长度（L）和宽度（W）；选取6个不同视野内的固定面积，观察气孔器的数目（S）和表皮细胞的数目（E）。

3.1.2 电镜

在野外采集发育良好的树叶，制成标本后，选取成熟叶片，用超声波仪振荡3次20秒以除去叶面上的灰尘杂质，把叶片中部靠叶脉部分剪成5mm×5mm大小的方块，自然干燥后，将上下表皮分别粘贴在样品台上，镀膜后在Hitachi S-4800扫描电镜下观察分析、拍照。

叶表皮微形态观察，包括：气孔器类型、气孔平均大小、气孔形状、气孔角质层形态、气孔外拱盖形态、气孔开口形状、气孔相对于角质层是否下陷。术语均参照Wilkinson，1980；Baranova，1992。

3.2 结果与讨论

3.2.1 光镜

叶片上表面具厚蜡质，上表皮细胞边缘有加厚，故上表皮很难看到单层细胞，来观察上表皮细胞的垂周壁纹饰。

下表皮具气孔，气孔器有一对保卫细胞，每个保卫细胞呈月牙形。根据Wilkinson（1980），气孔器属于平列型，形状均为椭圆形，排列一般规则而整齐。表皮细胞大小为（23—34）μm×（10—15）μm，保卫细胞大小为（26—39）μm×（15—24）μm。下表皮细胞近椭圆形（*S. nakaharae*）多边形（*S. lucida* ssp. *lucida*，*S. multipes*）和不规则形（*S. setchuensis*，*S. theifolia*）；细胞垂周壁有不同样式：近平坦（*S. nakaharae*），波状或浅波状（*S. lucida* ssp. *lucida*，*S. multipes*，*S. tetragona*），弓形（*S. theifolia*，*S. setchuensis*）。

其中可以看出*S. tetragona*（图3.1E）保卫细胞两极有明显的T形

加厚（图 3. 1& 表 3. 1）。该种花序为复合体中最长，为 4—8cm，且枝条具角棱，这些特征均可能为适应较为干旱的气候所形成。

S. multipes（图 3. 1C）的表皮细胞垂周壁有强烈加厚，呈花纹状突起。同时，该种的气孔为长椭圆形，有别于其他种类的椭圆形气孔。

S. theifolia（图 3. 1D）的胞间质明显，在光学显微镜下呈现深色，气孔密度最小，其细胞与 *S. secthuensis*（图 3. 1F）均为不规则形，垂周壁呈明显的弓形。

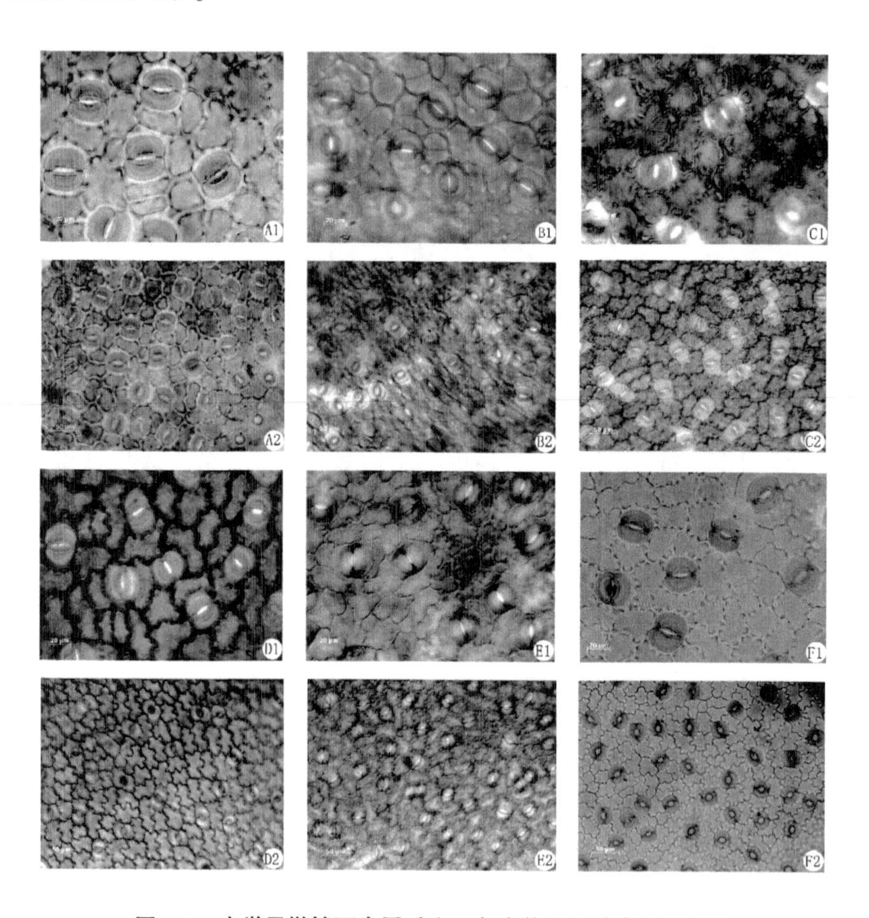

图 3. 1　光学显微镜下中原氏山矾复合体植物叶表皮微形态

Figure 3. 1　Micromorphology of Leaves in *Symplocos nakaharae* Complex under LM

A. *S. lucida* ssp. *lucida*; B. *S. nakaharae* s. str. ; C. *S. multipes*; D. *S. theifolia*;
E. *S. tetragona*; F. *S. setchuensis*. “1” 示×40, “2” 示×20
“1” means×40, “2” means×20

表 3.1 光学显微镜下中原氏山矾复合体植物叶表皮特征

Table 3.1 Leaf Micromorphological Characteristics of *Symplocos nakaharae* Complex under LM

物种名	图号	细胞垂周壁样式	细胞形状	表皮细胞平均大小（μm）	保卫细胞平均大小（μm）	气孔器分布	气孔排列方式	保卫细胞两极呈T形加厚	材料来源
S. lucida ssp. *lucida*	3.1A	波状	多边形	34×14	38×24	仅下表皮	平列型	无	China. Hong Kong：Mt. Ma On，S. Y. Hu 11797（PE）
S. nakaharae	3.1B	近平直	近椭圆形	31×15	28×16	仅下表皮	平列型	无	Japan. Pref. Kagoshima：Prov. Ohsumi，Miyoshi Furuse 10463（PE）
S. multipes	3.1C	浅波状	多边形	23×12	39×19	仅下表皮	平列型	无	China. Hunan：Mt. Badagong，H. J. Li 3468（PE）
S. theifolia	3.1D	弓形	不规则形	29×10	38×16	仅下表皮	平列型	无	China. Chongqing：Nanchuan，Bo Liu 168（PE）
S. tetragona	3.1E	波状	近多边形	26×12	26×15	仅下表皮	平列型	有	China. Jiangxi：Duchang，Bo Liu 64（PE）
S. setchuensis	3.1F	弓形	不规则形	29×14	30×20	仅下表皮	平列型	无	China. Hubei：Hefeng，Bo Liu（138）

以上所研究的6种的叶表皮光镜下均有较明显的特征，细胞形状等性状均存在较大差异，但是其他7种1亚种由于表皮较难与叶肉分离，腐蚀效果不好，照出结果均为细胞垂周壁极度加厚而无法观察其表皮细胞及垂周壁的式样，故未列在图中。

3.2.2 电镜

电镜下叶片上表皮被厚蜡质层，表皮细胞不明显，下表皮气孔相对角质层的位置及角质层的形态在不同种间区别较大，可分为3种类型，叶表皮微形态在种之间有重要的分类意义（表3.2和图3.2）。

1. 角质层具环形隆起，气孔深陷于角质层内；

包括：*S. kawakanii*，*S. pergracilis* 和 *S. tetragona*。

2. 角质层稍具褶，气孔稍下陷或不下陷，不被角质层所包被；

包括：*S. tanakae*，*S. kuroki*，*S. nakaharae*，*S. lucida* ssp. *howii*，*S. henryi*，*S. phyllocalyx*，*S. setchuensis*，*S. multipes*，*S. theifolia*。

3. 角质层极平滑，气孔深陷于角质层内；

包括：*S. lucida* ssp. *lucida*。

表3.2 电镜下中原氏山矾复合体植物叶表皮特征

Table 3.2 Leaf Micromorphological Characteristics of *Symplocos nakaharae* Complex under SEM

图3.2	种名	气孔外拱盖边缘	气孔外拱盖形态	角质层蜡状纹饰	气孔相对于角质层位置	类型
A	*S. pergracilis*	平滑	扁平	具环状隆起	深陷	Type Ⅰ
B	*S. kawakamii*	平滑	扁平	具环状隆起	深陷	Type Ⅰ
C	*S. tanakae*	平滑	扁平	稍具褶	稍下陷	Type Ⅱ
D	*S. kuroki*	平滑	扁平	稍具褶	稍下陷	Type Ⅱ
E	*S. nakaharae*	平滑	扁平	稍具褶	稍下陷	Type Ⅱ

续表

图3.2	种名	气孔外拱盖边缘	气孔外拱盖形态	角质层蜡状纹饰	气孔相对于角质层位置	类型
F	S. *lucida* ssp. *howii*	平滑	扁平	稍具褶	稍下陷	Type Ⅱ
G	*S. lucida* ssp. *lucida*	平滑	扁平	平滑	稍下陷	Type Ⅲ
H	*S. henryi*	平滑	扁平	稍具褶	平坦	Type Ⅱ
I	*S. phyllocalyx*	平滑	扁平	稍具褶	稍下陷	Type Ⅱ
J	*S. setchuensis*	平滑	扁平	稍具褶	稍下陷	Type Ⅱ
K	*S. tetragona*	平滑	扁平	具环状隆起	稍下陷	Type Ⅰ
L	*S. multipes*	平滑	扁平	稍具褶	稍下陷	Type Ⅱ
M	*S. theifolia*	平滑	扁平	稍具褶	稍下陷	Type Ⅱ

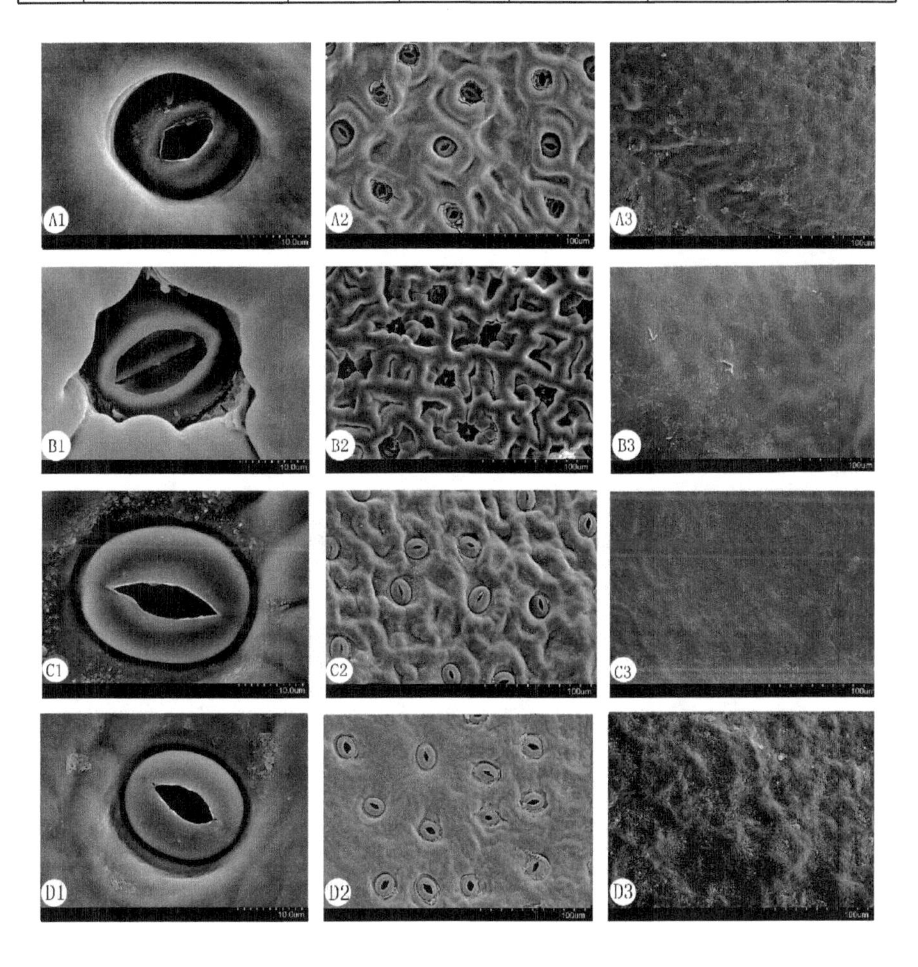

续图

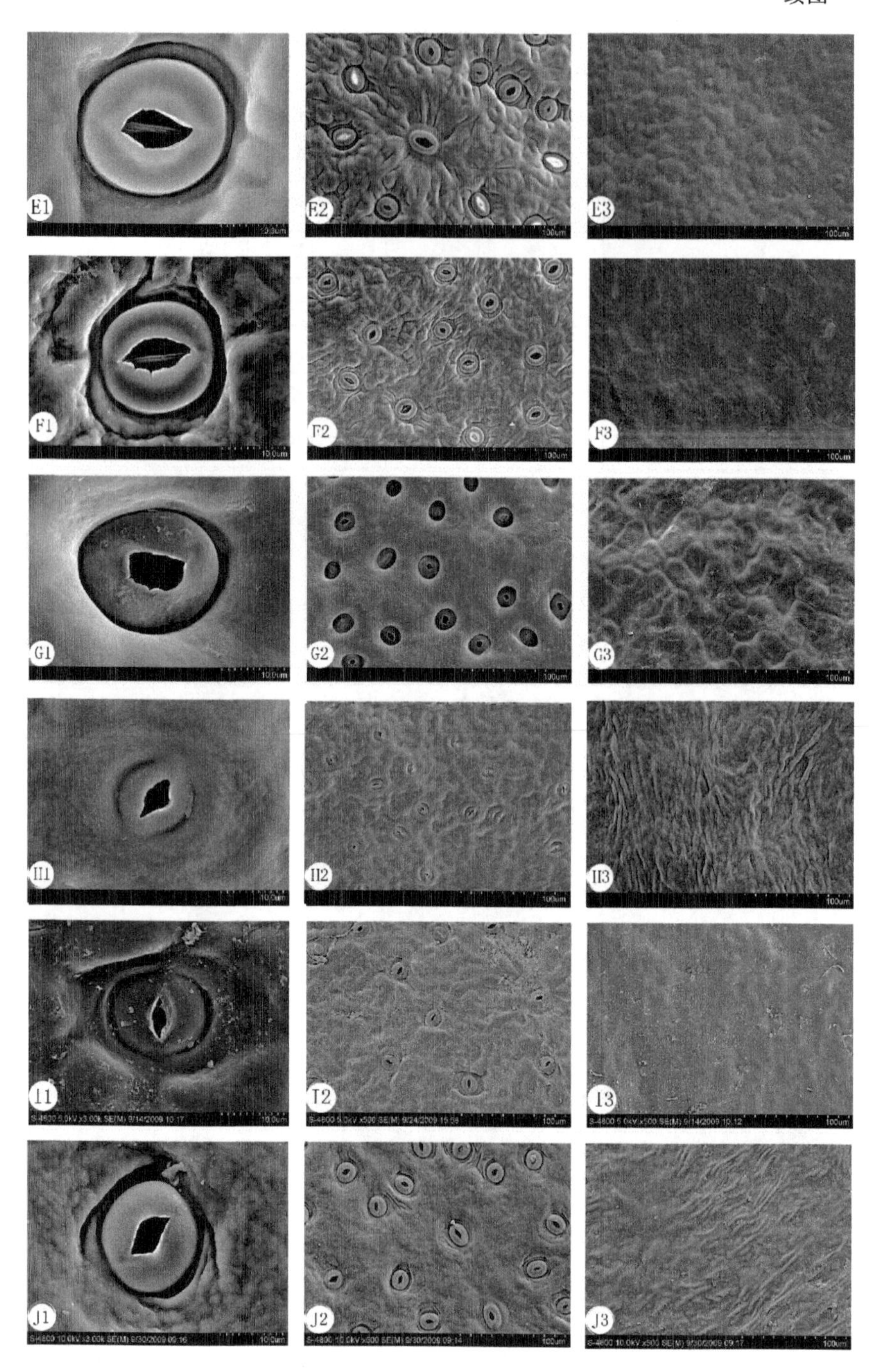

续图

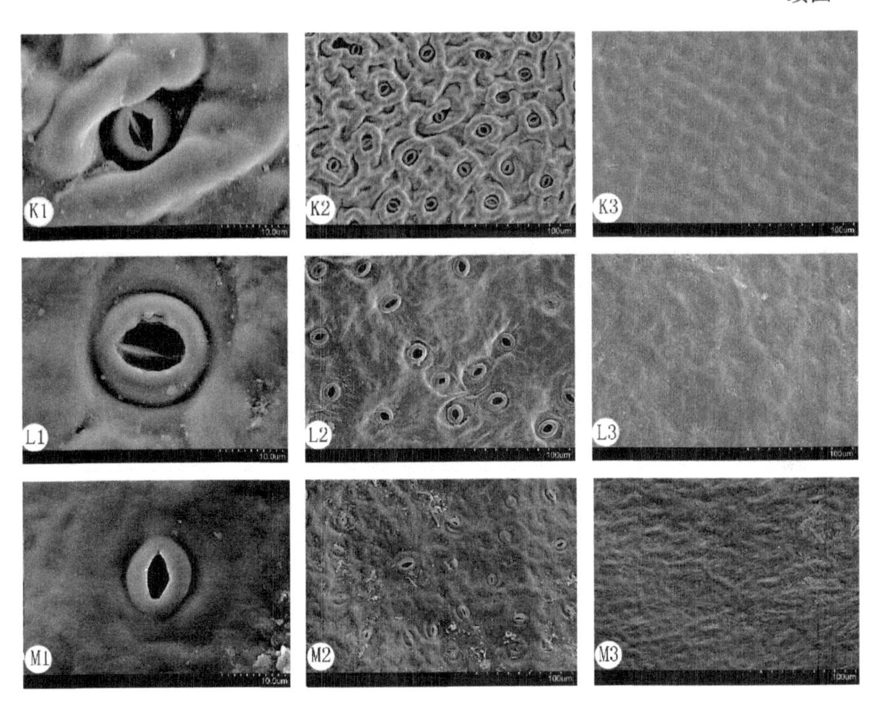

图3.2 电镜下中原氏山矾复合体植物叶表皮微形态

Figure 3.2 Leaf Micromorphological Characteristics of *Symplocos nakaharae* Complex under SEM

A. *S. pergracilis*; B. *S. kawakanii*; C. *S. tanakae*; D. *S. kuroki*; E. *S. nakaharae*; F. *S. lucida* ssp. *howii*; G. *S. lucida* ssp. *lucida*; H. *henryi*; I. *S. phyllocalyx*; J. *S. setchuensis*; K. *S. tetragona*; L. *S. multipes*; M. *S. theifolia*;

1，2. 叶下表皮微形态；3. 叶上表皮微形态.

1，2 The characters of adaxial epidermis；3. The characters of abaxial epidermis.

附表

表 3.3 《中国植物志》与 *Flora of China* 中山矾科分类学处理的差异

Table 3.3 The Divergent Taxonomic Treatment of Symplocaceae in *Flora Republicae Popularis Sinica* and *Flora of China*

中文名	《中国植物志》拉丁名	*Flora of China* 处理结果*
薄叶山矾	*Symplocos anomala*	2
微毛山矾	*Symplocos wikstroemiifolia*	3
毛山矾	*Symplocos groffii*	4
柃叶山矾	*Symplocos euryoides*	5
单花山矾	*Symplocos ovatilobata*	6
山矾	*Symplocos sumuntia*	7
三裂山矾	*Symplocos fordii*	8
能高山矾	*Symplocos nokoensis*	9
羊舌树	*Symplocos glauca*	10
绿枝山矾	*Symplocos viridissima*	11
铁山矾	*Symplocos pseudobarberina*	12
海南山矾	*Symplocos hainanensis*	13
海桐山矾	*Symplocos heishanensis*	14
腺叶山矾	*Symplocos adenophylla*	15
橄榄山矾	*Symplocos atriolivacea*	16
多花山矾	*Symplocos ramosissima*	17
木核山矾	*Symplocos xylopyrena*	18
长梗山矾	*Symplocos modesta*	19
坚木山矾	*Symplocos dryophila*	20
珠仔树	*Symplocos racemosa*	21
厚叶山矾	*Symplocos crassilimba*	22
滇南山矾	*Symplocos hookeri*	23
梨叶山矾	*Symplocos pyrifolia*	24

续表

中文名	《中国植物志》拉丁名	*Flora of China* 处理结果*
柔毛山矾	*Symplocos pilosa*	26
光叶山矾	*Symplocos lancifolia*	27
少脉山矾	*Symplocos paucinervia*	29
腺缘山矾	*Symplocos glandulifera*	30
团花山矾	*Symplocos glomerata*	31
腺柄山矾	*Symplocos adenopus*	32
被毛腺柄山矾（变种）	*Symplocos adenopus* var. *vestita*	32
老鼠矢	*Symplocos stellaris*	33
卷毛山矾	*Symplocos ulotricha*	34
福建山矾	*Symplocos fukienensis*	35
长毛山矾	*Symplocos dolichotricha*	36
南国山矾	*Symplocos austrosinensis*	37
密花山矾	*Symplocos congesta*	38
丛花山矾	*Symplocos poilanei*	39
白檀	*Symplocos paniculata*	40
绿春山矾	*Symplocos spectabilis*	42
厚皮灰木	*Symplocos crassifolia*	1. *Symplocos lucida*
蒙自山矾	*Symplocos henryi*	1. *Symplocos lucida*
枝穗山矾	*Symplocos multipes*	1. *Symplocos lucida*
四川山矾	*Symplocos setchuensis*	1. *Symplocos lucida*
棱角山矾	*Symplocos tetragona*	1. *Symplocos lucida*
茶叶山矾	*Symplocos theaefolia*	1. *Symplocos lucida*
叶萼山矾	*Symplocos phyllocalyx*	1. *Symplocos lucida*
大叶山矾	*Symplocos grandis*	10a. *Symplocos glauca* var. *glauca*
倒披针叶山矾	*Symplocos oblanceolata*	10b. *Symplocos glauca* var. *Epapillata*
瓶核山矾	*Symplocos ascidiiformis*	11. *Symplocos viridissima*

续表

中文名	《中国植物志》拉丁名	*Flora of China* 处理结果*
琼中山矾	*Symplocos maclurei*	15. *Symplocos adenophylla*
台湾山矾	*Symplocos morrisonicola*	2. *Symplocos anomala*
绒毛滇南山矾（变种）	*Symplocos hookeri* var. *tomentosa*	23b
腺斑山矾	*Symplocos glandulosopunctata*	25. *Symplocos sulcata*
滇灰木	*Symplocos yunnanensis*	25. *Symplocos sulcata*
宿苞山矾	*Symplocos persistens*	25. *Symplocos sulcata*
广西山矾	*Symplocos kwangsiensis*	27. *Symplocos lancifolia*
潮州山矾	*Symplocos mollifolia*	27. *Symplocos lancifolia*
卵叶山矾	*Symplocos ovalifolia*	27. *Symplocos lancifolia*
越南山矾	*Symplocos cochinchinensis*	28a
微毛越南山矾（变种）	*Symplocos cochinchinensis* var. *puberula*	28a. *Symplocos cochinchinensis* var. *cochinchinensis*
兰屿山矾（变种）	*Symplocos cochinchinensis* var. *philippinensis*	28b
短穗花山矾	*Symplocos divaricativena*	28c. *Symplocos cochinchinensis* var. *laurina*
黄牛奶树	*Symplocos laurina*	28c. *Symplocos cochinchinensis* var. *laurina*
台东山矾	*Symplocos konishii*	28c. *Symplocos cochinchinensis* var. *laurina*
火灰山矾	*Symplocos dung*	28c. *Symplocos cochinchinensis* var. *laurina*
狭叶黄牛奶树	*Symplocos laurina* var. *bodinieri*	28c. *Symplocos cochinchinensis* var. *laurina*
狭叶山矾	*Symplocos angustifolia*	28d. *Symplocos cochinchinensis* var. *angustifolia*
宜章山矾	*Symplocos yizhangensis*	31. *Symplocos glomerata*
文山山矾	*Symplocos wenshanensis*	31. *Symplocos glomerata*
无量山山矾	*Symplocos wuliangshanensis*	33b. *Symplocos stellaris* var. *aenea*
铜绿山矾	*Symplocos aenea*	33b. *Symplocos stellaris* var. *aenea*
十棱山矾	*Symplocos chunii*	39. *Symplocos poilanei*
华山矾	*Symplocos chinensis*	40. *Symplocos paniculata*

续表

中文名	《中国植物志》拉丁名	*Flora of China* 处理结果*
吊钟山矾	*Symplocos punctulata*	41a. *Symplocos pendula* var. *pendula*
南岭山矾	*Symplocos confusa*	41b. *Symplocos pendula* var. *hirtistylis*
葫芦果山矾	*Symplocos cavaleriei*	7. *Symplocos sumuntia*
美山矾	*Symplocos decora*	7. *Symplocos sumuntia*
长花柱山矾	*Symplocos dolichostylosa*	7. *Symplocos sumuntia*
毛轴山矾	*Symplocos rachitricha*	7. *Symplocos sumuntia*
银色山矾	*Symplocos subconnata*	7. *Symplocos sumuntia*
坛果山矾	*Symplocos urceolaris*	7. *Symplocos sumuntia*
总状山矾	*Symplocos botryantha*	7. *Symplocos sumuntia*
卵苞山矾	*Symplocos ovatibracteata*	7. *Symplocos sumuntia*

* 仅数字意为处理意见相同，编号为在 *Flora of China* 中的排序。

第 4 章　花粉形态

孢粉学（Palynology）是研究花粉和孢子的科学，最早由英国古生物学家 Hyde 和 D. Williams 于 1944 年提出。因花粉孢子具有坚固的外壁，可以抵抗强烈的酸碱而不被破坏，虽历经千百万年，化石花粉孢子的孢壁往往保存完好，因而，化石花粉孢子的研究在古植物学和地质学上具有重要意义（王伏雄，1995）。

由于花粉体积较小，一般不能用肉眼观察到花粉粒的形态，故对花粉的研究是在显微镜发明以后才开始的，至今已经有 300 多年的研究历史。但是值得一提的是，从 20 世纪 40 年代开始，随着电子显微镜的发展和广泛使用，现代植物系统学家越来越多地从花粉形态、萌发孔的数目和位置、外壁纹饰、壁层结构等微形态特征中发现重要的系统发育信息。

很多研究表明花粉微形态在植物分类和系统演化探讨方面均具有重要的意义。Blackmore（1984），Bove（1993）和 Premathilake（2001）均研究表明花粉形态在分类学处理上有重要的研究价值。

4.1 材料及方法

研究材料采用野外采集的活植物花粉或中国科学院植物研究所标本馆的标本，每个物种至少有取自不同标本上的两份样品，以保证实验的准确性（凭证标本见表4.1）。

表4.1 花粉微形态学观察样品来源

Table 4.1 Sources of Materials for Palynology Observations

图版	种名	采集地	采集信息
A	*Symplocos tetragona*	Hunan, Nanyue	M. H. Li & Y. Q. Kuang 672(PE)
B	*Symplocos kuroki*	Japan: Prov. Ryukyu	F. Miyoshi 4905(PE)
C	*Symplocos tanakae*	Japan: Prov. Ohsumi	F. Miyoshi 12314(PE)
D	*Symplocos henryi*	Yunnan: Mengzi	Henryi 11415(PE)
E	*Symplocos setchuensis*	Zhejiang: Mt. Baishanzu	Bo Liu s. n. (PE)
F	*Symplocos lucida* ssp. *lucida*	Hong Kong	N. Q. Chen 41783(PE)
G	*S. multipes*	Chongqing: Nantou	Wilson 4(K)
H	*Symplocos nakaharae*	Japan: Prov. Ohsumi	F. Miyoshi 7945(PE)
I	*Symplocos theifolia*	Yunnan: Ma-Chung-kai	F. George 9533(PE)

干燥花粉直接粘台并镀膜后在Hitachi S-4800扫描电镜下观察拍照，FAA固定的材料则先经过脱水待得到干燥花粉后再进行粘台、镀膜，最后在Hitachi S-4800扫描电镜下观察拍照，描述的术语参照以下论著：Erdtman（1952）、Barth（1979）、梁元徽（1986）和Nagamasu（1989）。

4.2 结果与讨论

中原氏山矾复合体花粉单粒，赤道面观为椭圆形，极面观多为扁圆状三角形，具3孔沟，赤道轴（*E*）20—70μm，极轴（*P*）15—50μm，花粉外壁具2层。外层壁厚1—2μm，盖顶层穿孔状或呈网状，盖顶层表面纹饰为网状、疣状等，盖顶层在花粉口周围通常突起具纹路；圆柱层花粉壁直线状，高度0.1—0.5μm，部分缺失或不明显，通常于花粉口周围增厚（图4.1和表4.2）。

基于花粉表面纹饰可以将复合体分为两类：

1. 具疣花粉类型。

花粉粒单一，具3孔沟，赤道面观近扁圆形，极面观扁圆状三角形，花粉外壁表面密具疣。覆盖层明显，顶盖明显加厚，表面不具纹饰；圆柱层极短而不明显，底层在花粉口呈环状，内层膜极薄，仅在花粉口周围增厚或呈环状。

包括 *S. tetragona*，*S. boninensis*，*S. lucida* ssp. *lucida*，*S. lucida* ssp. *howii*，*S. henryi*，*S. kawakamii*，*S. nakaharae*，*S. migoi*，*S. multipes*，*S. pergracilis*，*S. setchuensis*，*S. shilanensis* 和 *S. tanakae*。

2. 具刺花粉类型。

花粉粒单一，具3孔沟，赤道面观近圆形，极面观扁圆状三角形，表面密具刺，刺长2—4μm；覆盖层退化，几不可见，顶盖层不加厚，呈不规则状或网状；圆柱层较长而明显，在花粉口周围通常不增厚。

包括 *S. theifolia*。

花粉的形态在复合体的分类中具有较重要的意义，其为 *S. theifolia*

种的地位确立提供了确凿的依据。综合分子证据及其他性状进行分析，推测具刺状纹饰的花粉属较原始类群，而具瘤状纹饰的花粉属较为进化的类群。

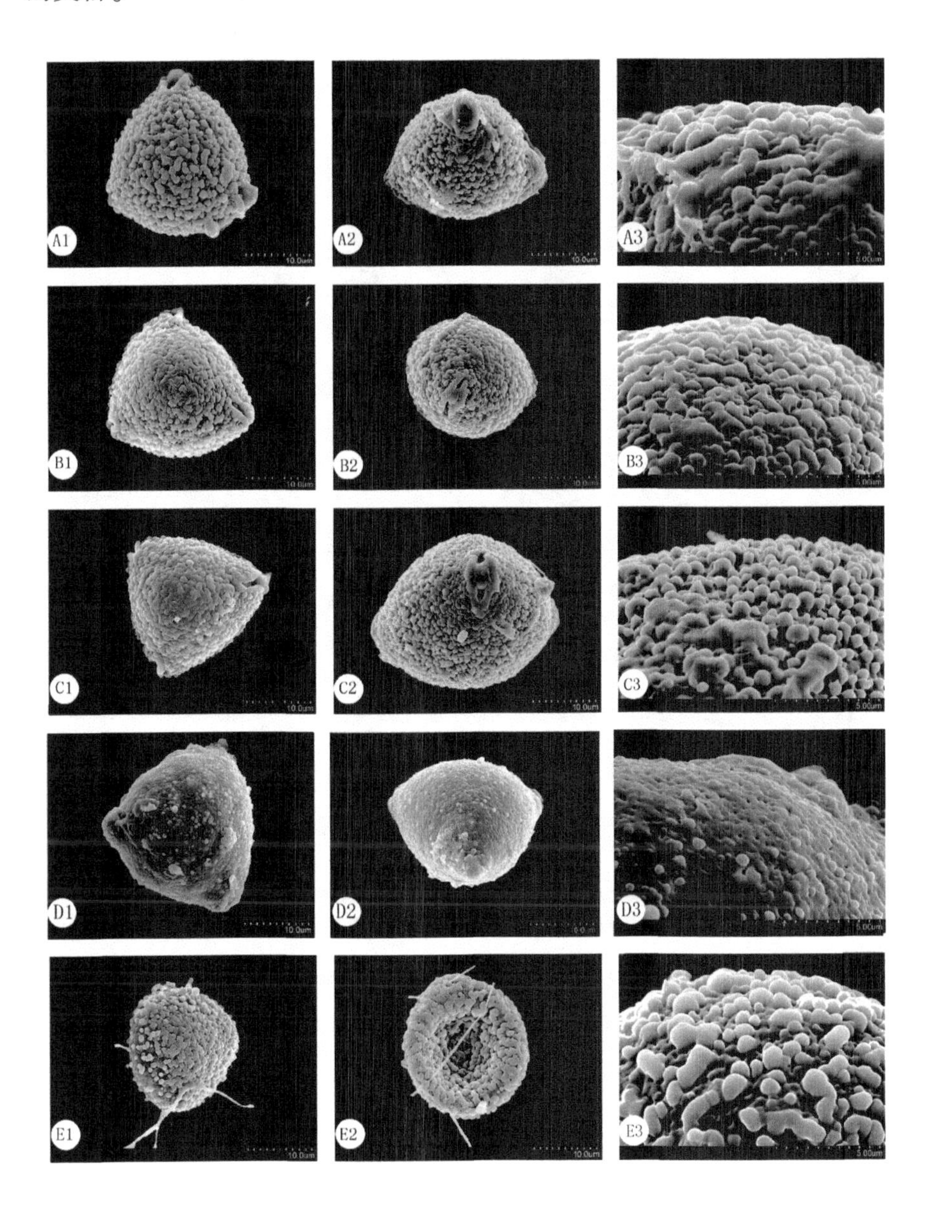

续图

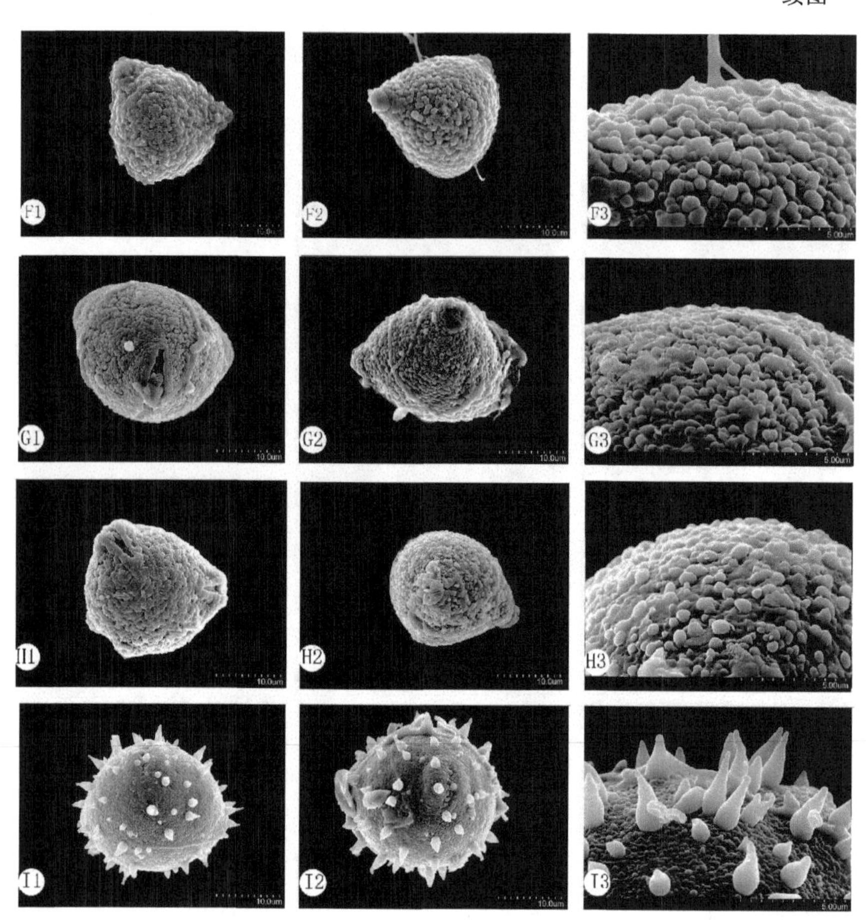

中原氏山矾复合体花粉微形态

Micromorphology of Pollen Grains in *Symplocos nakaharae* Complex

A. *S. tetragona*; B. *S. kuroki* ; C. *S. tanakae*; D. *S. henryi*; E. *S. setchuensis*;

F. *S. lucida* ssp. *lucida*; G. *S. multipes*; H. *S. nakaharae*; I. *S. theifolia*.

1. 花粉赤道面观; 2. 花粉极面观; 3. 花粉表面纹饰。

1. pollen grains in long equatorial view; 2. pollen grains in polar view;

3. pollen grains in detail.

表 4.2 中原氏山矾复合体花粉形态比较

Table 4.2 Pollen Characteristics in *Symplocos nakaharae* Complex

种名	图号或引图来源	极面观形状	赤道面观形状	纹饰	顶孔边缘	萌发沟	赤道轴 ($\bar{E}$) μm	极轴 ($\bar{P}$) μm	$\bar{P}/\bar{E}$
S. tetragona	4.1A	近椭圆形	钝圆三角形	具瘤状突起，瘤间有小穴及不规则的小槽	具光滑厚环	较窄	24.66	13.33	0.54
S. kuroki	4.1B	近椭圆形	钝圆三角形	具瘤状突起，瘤间有小穴及不规则的小槽	具光滑厚环	较窄	22.14	13.77	0.62
S. tanakae	4.1C	近椭圆形	钝圆三角形	具瘤状突起，瘤间有小穴及不规则的小槽	具光滑厚环	较窄	20.80	14.11	0.68
S. henryi	4.1D	近椭圆形	钝圆三角形	具瘤状突起，瘤间有小穴及不规则的小槽	具光滑厚环	较窄	21.43	15.55	0.73
S. setchuensis	4.1E	近椭圆形	钝圆三角形	具瘤状突起，瘤间有小穴及不规则的小槽	具光滑厚环	较窄	19.55	15.55	0.80
S. lucida ssp. *lucida*	4.1F	近椭圆形	钝圆三角形	具瘤状突起，瘤间有小穴及不规则的小槽	具光滑厚环	较窄	24.03	13.22	0.55
S. lucida ssp. *howii*	引（Liang，1986）	近椭圆形	钝圆三角形	具瘤状突起，瘤间有小穴及不规则的小槽	具光滑厚环	较窄	24.00	14.22	0.59
S. multipes	4.1G	近椭圆形	钝圆三角形	具瘤状突起，瘤间有小穴及不规则的小槽	具光滑厚环	较窄	24.44	15.55	0.64

续表

种名	图号或引图来源	极面观形状	赤道面观形状	纹饰	顶孔边缘	萌发沟	赤道轴 ($\bar{E}$) μm	极轴 ($\bar{P}$) μm	$\bar{P}/\bar{E}$
S. nakaharae	4.1H	近椭圆形	钝圆三角形	具瘤状突起，瘤间有小穴及不规则的小槽	具光滑厚环	较窄	25.8	20.0	0.78
S. kawakamii	引（Nagamasu，1989）	近椭圆形	钝圆三角形	具瘤状突起，瘤间有小穴及不规则的小槽	具光滑厚环	较窄	28.8	23.2	0.81
S. pergracilis	引（Nagamasu，1989）	近椭圆形	钝圆三角形	具瘤状突起，瘤间有小穴及不规则的小槽	具光滑厚环	较窄	28.7	22.2	0.93
S. boninensis	引（Nagamasu，1989）	近椭圆形	钝圆三角形	具瘤状突起，瘤间有小穴及不规则的小槽	具光滑厚环	较窄	28.6	23.5	0.82
S. theifolia	4.1I	圆形	近圆形	具刺状突起，长 2—4μm，表面具不明显突起	无加厚	无	21.0	16.8	0.80
S. migoi	引（Wang，2003）	近椭圆形	钝圆三角形	具瘤状突起，瘤间有小穴及不规则的小槽	具光滑厚环	较窄	23.2	18.5	0.80
S. shilanensis	引（Wang，2003）	近椭圆形	钝圆三角形	具瘤状突起，瘤间有小穴及不规则的小槽	具光滑厚环	较窄	23.0	17.8	0.74

附表

表 4.3　中原氏山矾复合体花粉样品来源凭证标本

Table 4.3　Vocher Specimen Resources of Pollens in *Symplocos nakaharae* Complex

	馆/条形码	海拔/m	采集人/号	采集地
S. myrtacea	PE 01203074	700	Miyoshi Furuse 48280	日本 Prov. Ryukyu (Pref. Okinawa)
S. prunifolia	PE 01203109		Miyoshi Furuse 5283	日本 Prov. Ryukyu (Pref. Okinawa)
S. rachitricha	PE 01997024	1350	红水河植物考察队 89-1062	中国 广西壮族自治区 乐业县六为八王山
S. sumuntia	PE 01975622	500	刘淼等 A10007	中国 安徽 金寨县 汤家汇镇金刚台村
	PE 01857794	1600	赵常明等 EX3179	中国 湖北 巴东县 绿葱坡镇通信站至野山关沿途
	PE 00811745	350	罗林波 515	中国 湖南 新宁县 金石镇大河冲
	PE 00811663		anonymous 0260	中国 浙江 天台县 天台山去上云广路上
	PE 00811635		华东工作站同人 7245	中国 安徽 太湖县 寺前区大湾
S. subconnata	PE 01856970		白水江采集队 3818	中国 甘肃 文县 碧口镇碧峰沟西沟
	PE 01591457	1000	何国生 9879	中国 福建 南平市延平区
	PE 01591454	500	萧百中 3356	中国 湖南 宜章县 莽山自然保护区五级站
	PE 00811625		吕清华 3641	中国 广西壮族自治区 融水苗族自治县 安泰公社小桑大队元宝山
S. dolichostylosa	IBSC 0464918	1000	武陵队 635	中国 湖南 沅陵县筒车坪乡佼母溪低锅锅佬
	IBSC 0464920	850	周洪富 26578	中国 重庆 奉节县 竹元高志

续表

	馆/条形码	海拔/m	采集人/号	采集地
S. botryantha	PE 01912109	1450	刘博 114	中国 湖北 鹤峰县 木林子保护区
	PE 01591345	440	王小溪 313	中国 湖南 衡南县 永兴镇全口山
	PE 01343876	1300	赵佐成 马建生 2929	中国 重庆 酉阳土家族苗族自治县 矿园村
	PE 01343881	800	武陵山考察队 643	中国 贵州 松桃苗族自治县乌罗区高硐乡黄塘坪
	PE 00794084	1280	陈少卿 16357	中国 广西壮族自治区 融水苗族自治县 大苗山三防区平时乡九万山更用新地湾山顶
	PE 00794082		高锡朋 53982	中国 广东 乳源瑶族自治县
S. ovatibracteata	PE 01997034	1100	北京队 894123	中国 广西壮族自治区 环江毛南族自治县 东兴乡九蓬屯
S. decora	PE 01997193	800	北京队 892662	中国 广西壮族自治区 融水苗族自治县 九万山三岔
	PE 00794785	1500	K. M. Feng 12107	中国 云南 西畴县 法斗乡
S. cavaleriei	PE 01298101		黔南队 02561	中国 贵州 施秉县 佛顶山张家屋基
S. urceolaris	PE 01591472	370	周丰杰 025	中国 湖南 沅陵县 借母溪乡借母溪
	PE 01953945	400	罗仲春 08032	中国 湖南 新宁县 崀山八角寨降龙庵
S. sasakii	PE 01916271		吕胜由 12271	中国 台湾地区 屏东县 南仁山

第5章　数值分类

数值分类学（Numerical Taxonomy）即以表型特征为基础，利用有机体大量性状（包括形态学的，细胞学的和生物化学等的各种性状）、数据，按一定的数学模型，应用电子计算机运算得出结果，从而做出有机体的定量比较，客观地反映出分类群之间的关系。

数值分类法所用的特征必须为数值，但对相应特征并没有严格的限定，也没有任何特征需要加权。因为兼有传统分类学的理论基础和计算机数据处理的便捷、快速等特征，数值分类学已逐渐成为一种重要的分类学分析手段（Sneath & Sokal，1973）。Sang & Xu（1996）利用数值分类学研究了华东地区山胡椒属的 12 种植物的亲缘关系。Zhao 等（2004）利用数值分类学分析了 16 种独活属植物的系统发育关系并探讨了中国独活属植物的系统进化及其起源问题。

有关山矾科的数值分类学研究尚无报道，本研究把现有的分类单位作为分类的种系发生的基础，结合解剖学、微形态学、形态学等方面的相关性状，采用数值分类学的方法揭示类群各物种间的差异及各分类群之间的亲缘关系。

5.1　材料及方法

选择了 15 个山矾属中原氏山矾复合体中的物种，一个外类群 *S. paniculata* 作为参照。以尽可能选取多态性状和明显间断的性状变异的数量性状为原则，共选取 30 个性状（下表）。其中，二项性状 15 个，多态性状 7 个，数量性状 7 个（性状统计时按居群选取）。

UPGMA 聚类分析及分析所用的形态学性状（OTU）及其编码

Morphological and Anatomic Characters and Units, Encoding Law for *Symplocos nakaharae* Complex

性状编号	性　　状	类型
1	生活型：常绿（0），落叶（1）	二项性状
2	嫩枝毛被：无毛（0），微被毛（1）	二项性状
3	枝条横截面形状：近圆形（0），多边形（具明显角棱）（1）	二项性状
4	叶上表皮质地：不具蜡质（0），具蜡质（1）	二项性状
5	叶中脉：凹陷（0），凸起（1）	二项性状
6	叶质地：革质（0），纸质（1）	二项性状
7	叶背毛被：无毛（0），微毛或稍被毛（1），密被毛（2）	多态性状
8	角质层表面：平滑（0），稍皱（1），多皱及突起（2）	多态性状
9	气孔外拱盖形态：平滑（0），稍皱（1），多皱及突起（2）	多态性状
10	气孔开口形状：梭形（0），方形（1）	二项性状
11	气孔相对于角质层：平坦（0），下陷（1）	二项性状
12	花序类型：团伞状（0），穗状（1），总状（2），圆锥状（3）	多态性状
13	苞片早落或宿存：早落（0），宿存（1）	二项性状
14	花粉赤道面观：三角形（0），近椭圆形（1），圆形（2）	多态性状
15	萌发孔周围形态：无加厚（0），具厚环（1）	二项性状

续表

性状编号	性　　状	类型
16	花粉极面观：椭圆形（0），圆形（1）	二项性状
17	花粉表面纹饰：具深沟（0），具疣状突起（1），具刺状突起（2）	多态性状
18	子房基部被毛情况：密被毛（0），光滑（1）	二项性状
19	子房室数：2 室（0），3 室（1）	二项性状
20	子房室发育情况：均匀 3 室（0），有 1—2 室败育（1），均匀 2 室（2）	多态性状
21	中果皮表面形态：无棱（0），有棱（1）	二项性状
22	内果皮质地：骨质（0），纸质（1）	二项性状
23	果实长度：cm	数量性状
24	果实直径：cm	数量性状
25	果实长直比	数量性状
26	叶片长度：cm	数量性状
27	叶片宽度：cm	数量性状
28	叶柄长度：cm	数量性状
29	叶片长直比	数量性状
30	每果序果实数	数量性状

系统树的构建及遗传距离的计算由 MVSP（version 3. 13n）系统发育分析软件完成。应用类平均法对这 14 个种 1 变种进行了聚类分析。原理是先用模标准化的方法对原始数据进行标准化，然后计算出距离系数，再用非加权配对平均法（The Up-weighted Pair Group Method Using Arithmetic Average，UPGMA）在距离系数矩阵上进行聚类运算，最后根据运算结果做出距离系数 UPGMA 法的树系统以便分析讨论。

5.2 结果与讨论

由下图山矾属中原氏山矾复合体 UPGMA 聚类图可判断各物种间的亲缘关系。在欧式距离约为 7 即下图中 L1 位置处，外类群 *S. paniculata* 位于整个树图基部，紧接着分出来的是物种 *S. henryi*，与传统分类结果相比较，该物种叶片纸质，(15—20) cm×(5—9) cm，果实（3—4) cm×(2—2.5) cm，另外其果实的内果皮厚木质，厚 5—8mm。叶片及果实均最大，显著区别于其他的物种；然后分出来的是 *S. theifolia*，该种花粉

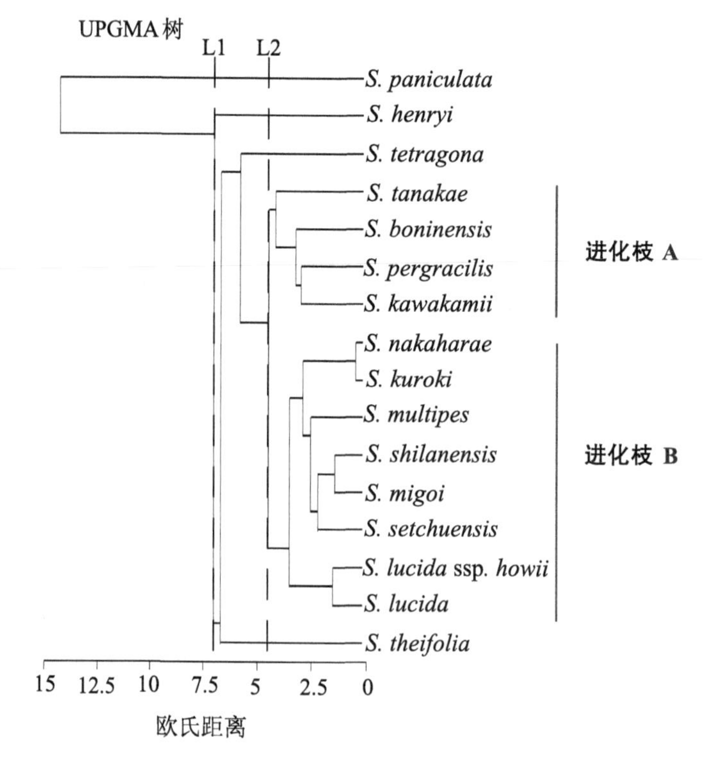

中原氏山矾复合体 16 个类群的距离系数 UPGMA 法聚类分析

Clustering Diagram Using UPGMA Method for 16 Taxa in *Symplocos nakaharae* Complex

表面具刺状突起，果实 3 室，常有 1—2 室退化，内果皮纸质，显著区别于其他种，此结果与分子系统学分析结果该种聚在其他物种的外面吻合。

然后是 *S. tetragona* 被分了出来，该种的小枝具翅状突起，叶片较大，且为厚革质，长穗状花序（每个花序上有花 4—8 朵）远长于其他种（0. 5—3cm），且每个花序上具花数目为复合体内最多，但分子上该种的系统位置与 *S. setchuensis*，*S. tanakae* 的关系问题没有得到很好解决。

在欧式距离约为 4. 5 即图中 L2 位置处，可以看到，复合体内的其余 12 个物种被分成了两支，即进化枝 A 和进化枝 B。

进化枝 A 中 4 种均产于日本，果实长度超过 1. 5cm，远大于复合体内的其他种类，*S. tanakae* 聚在了分布于小笠原群岛的三个特有种（*S. boninensis*，*S. pergracilis*，*S. kawakamii*）的外面，该种形态学和地理学上的相似使其在系统树上与这 3 个特有种有较近的亲缘关系，尤其是它的果实形态结构与 *S. boninensis* 和 *S. pergracilis* 均较为相似，心皮完全合生，没有任何残迹；另外，进化枝 A 中小笠原群岛的 3 个特有种独自聚在一支，它们是岛上的特有种，分布极其狭窄，在长期岛屿环境适应进化过程中，3 个种在形态上的表现有着较大相似性，果实较大，花序均为极短缩的穗状，每个花序上仅结 1—3 个果实，因而其系统关系较近，这同时与分子证据都吻合，3 个种可以依据形态学上的性状：叶片边缘是否反卷、雄蕊数目、果实横切面形状、心皮合生程度等性状完全区分开。

进化枝 B 中首先分出的是 *S. lucida* 及其亚种，该种叶片厚革质，内果皮骨质，表面具多个棱或翅，接着陆续分出各个种，这与分子证据基本一致，*S. kuroki* 和 *S. nakaharae* 因形态上无法分开而严格聚在了一起，多种证据都表明这两个种的界定不成立。

S. setchuensis、*S. migoi* 和 *S. shilanensis* 3 个种聚在了一支，这 3 个种均产于我国台湾地区，其中 *S. setchuensis* 分布区北上延伸到中国长江以南地区，其花序为团伞花序，较为特殊，而另外两种花序均为穗状花序，其关系较近，仅可通过叶片、雄蕊数目而区分。

第6章　分子系统学

随着植物分子系统学和测序技术的发展，越来越多的植物类群在分子水平上陆续开展了工作，至今，已经有成百上千个分别来自叶绿体、线粒体和核基因组的基因或DNA区段的序列被用于植物的分子系统学研究，以便能更好地理解其分子系统发育关系。

目前核基因ITS在核基因组中具有已发生致同进化（concerted evolution）的高度重复单位（Elder Jr. & Turner，1995），其引物的通用性强，成为植物分子系统学研究中应用最为广泛的分子标记之一。ITS表现的变异水平较适合于属间、属下和种间等分类单元的系统学研究，有时也用于科、亚科、族内的系统发育研究。

植物叶绿体基因组（cpDNA）为闭环双链DNA，其编码区和非编码区进化速率相差较大，适于不同分类阶元的系统发育学研究：编码区的核苷酸替代速率相对较低。如*rbc*L，*mat*K，*ndh*F，*atp*B，*trn*L-F，*trn*S-fM，*atp*B-*rbc*L等，因在大多数被子植物中为母系遗传，且进化速率较慢，适用于较高分类阶元的系统关系研究。

近年来基于分子证据对山矾科、山矾属的分子系统发育的研究工作有：王玉国（2004）和Fritsch（2008）把中国和日本的种结合起来进行过讨论，但文中并未讨论复合体内的种间关系；韩国学者Park（2007）的工作仅是验证韩国山矾科落叶物种和常绿物种的关系；日本学者 Soejima（2004）对日本本土物种的讨论也主要局限于组间关系。

虽然前人在山矾科的系统发育演化上做了一定工作，也从不同层面与角度解决了一定问题。但对于存在如此众多与复杂分类问题的该类群，还有大量工作要做。因此希望通过我们的工作能够对山矾科这一复合体的种间关系做个初步探讨。

6.1 材料及方法

6.1.1 实验材料采集

在本书完成过程中，对中国大陆山矾科物种进行了充分的野外形态考察和居群样品采集，考察基本覆盖了复合体物种的分布范围（见图1.1）。

目前采集到分子样品的物种有：

中国（*S. setchuensis*，*S. theifolia*，*S. tetragona*，*S. shilanensis*，*S. migoi*）；

日本（*S. pergracilis*，*S. boninensis*，*S. kawakamii*，*S. tanakae*，*S. nakaharae*，*S. kuroki*）。

另外采集了山矾科唯一的落叶物种 *S. paniculata*（广泛分布于中国、日本和朝鲜半岛）的野外居群，并选取其为外类群，王玉国等（2004），Soejima & Nagamasu（2004）和 Fritsch et al.（2008）研究结果表明：此种在山矾科的系统进化树上位于系统树的基部，与 *S. nakaharae* 复合体互为姐妹支。

实验材料来源见表6.1。

表 6.1 分子材料来源

Table 6.1 Source of Materials for Molecular Systematics

种拉丁名	*trn*L-F	*trn*H-*psb*A	ITS	分布区	参考文献
S. boninensis	AB115356	AB115390	AB114891	Japan: cult. in Koishikawa Botanical garden, Tokyo	Soejima & Nagamasu(2004)
S. ernestii	—	—	AB114892	China: Muxuan, Daguan, Yunnan Province	Soejima & Nagamasu(2004)
S. hernyi	—	—	—	—	—
S. kawakanii	AB115358	AB115392	AB114893	Japan: Higashidaira, Chichi-jima Is., Bonin	Soejima & Nagamasu(2004)
S. kuroki	AB115359	AB115393	AB114894	Japan: Mt. Kurokami, Saga, Kyushu	Soejima & Nagamasu(2004)
S. lucida	—	—	—	—	—
S. lucida ssp. *howii*	—	—	—	—	—
S. migoi	—	—	AY336296	China: Pingtung, Taiwan Province	Wang et al. (2004)
S. multipes	—	—	—	—	—
S. nakaharae	AB115360	AB115394	AB114895	Japan: Mt. Nishime-dake, Kunigamison, Okinawa, Ryukyu	Soejima & Nagamasu(2004)
S. pergracilis	AB115361	AB115395	AB114896	Japan: Higashidaira, Chichi-jima Is., Bonin	Soejima & Nagamasu(2004)
S. setchuensis 1	AY336456	HQ427078	AY336294	China: cult., Hangzhou Botanical Garden, Zhejiang Province	Wang et al. (2004)
S. setchuensis 2	—	—	AY336295	China: Mt. Huaying, Sichuan Province	

续表

种拉丁名	*trn*L-F	*trn*H-*psb*A	ITS	分布区	参考文献
S. shilanensis	—	—	—	—	—
S. tanakae	AB115362	AB115396	AB114897	Japan: Kongouchou - ji Temple, Muroto, Kochi, Shikoku	Soejima & Nagamasu(2004)
S. tetragona 1	#	#	#	China: Wenquan, Xinzi, Jiangxi Province	
S. tetragona 2 *S. theifolia* 1, *S. theifolia* 2	—	—	AY336297	China: Cultivated, Hangzhou Botanical Garden	Wang et al. (2004)
*S. theifolia*1	#	#	#	China: Jianwei, Sichuan Province	
*S. theifolia*2	—	—	AY336293	China: Gongshan, Yunnan Province	Wang et al. (2004)
*S. paniculata*1	#	#	#	China: Mulinzi, Hefeng, Hubei Province	
*S. paniculata*1, *S. paniculata* 2	AB115336	AB115370	AB114871	Japan: Mizoroga-ike, Kyoto, Honshu	Soejima & Nagamasu(2004)

#. 笔者实验测序数据

6.1.2　总 DNA 提取

采用改良的 CTAB 法（Rogers & Bendich，1988）从硅胶干燥的针叶中提取总 DNA，程序如下：

1. 65℃水浴中预热 2×CTAB 和 10×CTAB；

2. 在 2mL 的 EP 管中加入干燥的嫩茎及少许 PV，用 Mini-Bead beater 打碎；

3. 加入 900μL 预热的 2×CTAB 和 6μL 巯基乙醇，65℃水浴 90min，每 5—8min 摇匀一次；

4. 加入等体积的氯仿：异戊醇（24∶1），混匀，25℃、10000rpm 离心 10min；

5. 取上清液到另一 EP 管中，加入 1/10 体积的 10%CTAB 溶液，混匀；

6. 加入等体积氯仿：异戊醇（24∶1），充分混匀，25℃、10000rpm 离心 10min；

7. 取上清液到另一 EP 管中，加入等体积-20℃预冷的异丙醇。放入-20℃冰箱沉淀 30min；

8. 4℃，12000rpm，离心 6min；

9. 弃上清液，用 70%乙醇洗涤，4℃、12000rpm 离心 5min，重复 2 次；置于通风橱中风干；

10. 加 100μL1×TE 溶解，-20℃保存。

6.1.3　标记选择

结合前人研究，选取 nrDNA ITS 片段和叶绿体 DNA 片段：*trn*L-F 和 *trn*H-*psb*A，探讨复合体内物种间的关系。引物序列见表 6.2。

表 6.2　引物

Table 6.2　Primers

基因类型	基因名	PCR 引物	参考文献
叶绿体	*trn*L-F intergenic spacer	*trn*L 5'-GGTTCAAGTCCCTCTATCCC-3'	Taberlet et al. (1991)
		*trn*F 5'-ATTTGAACTGGTGACACGAG-3'	
	*trn*H-*psb*A intergenic spacer	*trn*H 5'-CGAAGCTCCATCTACAAATGG-3'	Hamilton (1999)
		*psb*A 5'-ACTGCCTTGATCCACTTGGC-3'	
细胞核	ITS	ITS-5 5'-GGAAGTAAAAGTCGTAACAAGG-3'	White et al. (1990)
		ITS-4 5'-TCCTCCGCTTATTGATATGC-3'	

6.1.4　PCR 扩增

PCR 反应在 Tpersonal Thermocycle 和 T1 Thermocycle（Biometra, Goettingen, Germany）热循环仪上完成。反应体系均为 25μL：模板 5—50ng、dNTP 200μmol/L、引物 6.25pmol、5% 的二甲基亚砜（DMSO）和 0.75U 的 Taq DNA 聚合酶（Takara Biotech Co., Dalian, China）。扩增程序为 94℃ 4min；94℃ 2min，54—57℃ 30s，72℃ 60—120s，4 个循环；94℃ 30s，52—55℃ 30s，72℃ 60—90s，34 个循环。不同基因片段根据其序列长度及扩增引物 T_m 值的特征，对扩增程序做出相应的调整，改变退火温度，延长延伸时间，优化反应条件。

6.1.5　割胶纯化

用北京天根公司的 DNA 快速纯化试剂盒回收目的片段，操作程序如下：

1. 将 PCR 产物在 1.5%—2.0% 琼脂糖凝胶上 2V/cm 电泳 2—3h，尽可能使不同长度 DNA 片段分开，在紫外灯下切下目的条带，放入 1.5mL 的 EP 管中；

2. 在装有胶块的1.5mL EP管中加入3倍体的溶胶液，50℃水浴直至胶块完全融化，约需10min，其间连续温和地颠倒EP管；

3. 在吸附柱中加入500μL平衡液，25℃、12000rpm离心1min，弃去收集管中的废液；

4. 取出EP管，冷却至室温后将溶液移入离心柱中，静置2min，25℃、12000rpm离心30—60s；

5. 加入700μL漂洗液于离心柱中，25℃、12000rpm离心30—60s；

6. 加入500μL漂洗液于离心柱中，25℃、12000rpm离心30—60s；

7. 25℃、12000rpm离心2min，甩干剩余液体以除去残余乙醇；

8. 将吸附柱置于新的离心管中，敞开管盖，在通风橱中放置10min，使乙醇挥发殆尽；

9. 加入20—30μL洗脱缓冲液，静置2min；

10. 25℃、12000rpm离心2min，收集目的DNA片段。

6.1.6 测序

测序产物在ABI Prism 3730xl上完成。

ABI Prism 3730xl测序反应体系为10μL，0.33μL Bigdye mix（ABI Bigdye TM Terminator Cycle Sequencing Ready Reaction Kit），1.75μL Bigdye Buffer，1.65 pmol引物和15—60ng模板DNA。测序反应程序为96℃ 4min，96℃ 15s，52℃ 15s，60℃ 4min，25个循环。将测序反应产物转入1.5mL EP管，加入2μL NH_4Ac（10mol/L）、50μL 100%乙醇，室温静置10min，4℃、12000rpm离心30min，去上清液，然后加入150μL 75%乙醇，4℃、12000rpm离心15min，去上清液，用75%乙醇重复洗涤一次，吸净上清液，避光吹干，加入15—60ng纯化产物约1.5μL上样，在ABI Prism 3730xl测序仪上进行测序。

6.1.7 数据分析

通过实验和综合前人结果共得到复合体 11 个种的 nrDNA ITS 的序列，9 个种的叶绿体 DNA 片段：*trn*L-F 和 *psb*A-*trn*H 的序列。

采用了 3 种方法构建山矾属中原氏山矾复合体物种间系统发育关系，分别利用 Paup 4.0 b10（Swofford，2002）构建 Maximum Parsimony（MP）树，PhyML（http：//www.atgc-montpellier.fr/phyml）构建 Maximum Likelihood（ML）树和 MrBayes 3.0（Huelsenbeck & Ronquist，2001；Ronquist & Huelsenbeck，2003）构建 Bayesian Inference（BI）树（图 6.1 和图 6.2）。

6.2 结果与讨论

利用三种系统学方法（MP，ML & BI）构建中原氏山矾复合体内物种间的系统发育树，均能够较好地解决中原氏山矾复合体内物种间的关系问题。

图 6.1 为基于 nrDNA ITS 片段单独构建的复合体内物种间的系统发育 ML 树和 BI 树；基于 ITS 序列构建的 ML 树更为清晰地解决了各大支的关系，在 BI 树上各大支则为并系。

图 6.2 为联合两个叶绿体片段 *trn*L-F 和 *psb*A-*trn*H 序列及 nrDNA ITS 序列构建的系统发育树 MP 树和 ML 树，外类群 *S. paniculata* 位于系统树的基部。

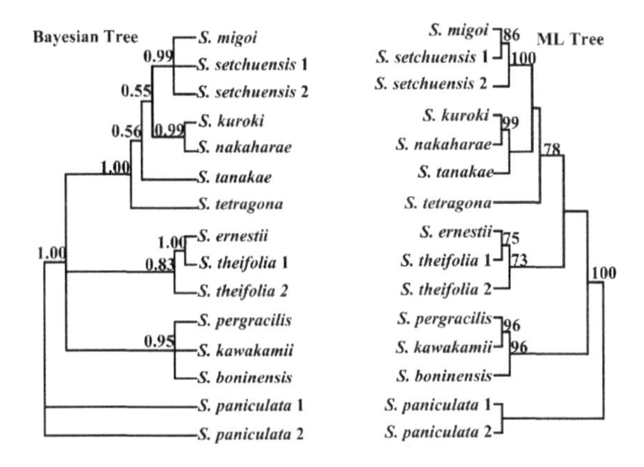

图 6.1　基于 ITS 序列构建的系统发育树

Figure 6.1　Phylogenetic Tree Constructed Based on ITS Sequence

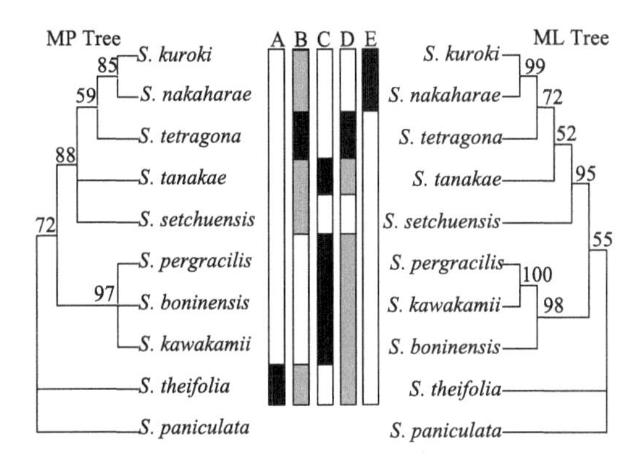

图 6.2　联合 ITS，*trn*L-F 和 *psb*A-*trn*H 片段构建的系统发育树

A. 花粉形态：□花粉表面具瘤状突起；■花粉表面具刺状突起；

B. 花序上花的数目：□ 1—3 朵；▨ 5—10 朵；■ 5—20 朵；

C. 果实长度：▨ 0.5—1.5cm；■大于 2cm；

D. 花序类型：□花序团伞状；▨花序长 1—3cm；■花序长 3—8cm；

E. 果实室数：■ 2 室；□ 3 室。

Figure 6.2　Phylogenetic Tree Constructed Based on ITS, *trn*L-F and *psb*A-*trn*H Sequence Analysis

A. Pollen morphology：□ pollen surface tuberculate；■ pollen surface with thorns；

B. Number of flowers on each inflorescences：□ 1-3 flowers；▨ 5-10 flowers；■ 5-20 flowers；

C. Length of fruits：▨ 0.5-1.5cm；■ >2cm；

D. Type of inflorescence：□ white，glomerule；▨ inflorescences 1-3cm long；■ 3-8cm long；

E. Number of locules：■ 2；□ 3。

分布于日本的 3 个特有种 *S. boninensis*, *S. kawakamii* 和 *S. pergracilis* 在两棵树上都聚在了一支（ML 支持率为 96%，BI 后验概率为 0.95），这 3 种植物仅分布在小笠原群岛的小岛上，成熟个体极少，被 IUCN 列为濒危植物（Baillie et al.，2004），其生境较为特殊，另外 3 个物种结合形态学性状分析，果实长度显著大于 2cm，花序上花的数目仅为 1—3 朵，这两个性状也能够很好地把这 3 个物种与该复合体内其他物种分开。

S. theifolia 与 *S. phyllocalyx* 区别甚小，之前 Wu（1987）所认为的后者果实不分为三分核并不成立，故笔者将两个种合并。使用了较早发表的 *S. theifolia* 作为种名，而广布于东亚的物种 *S. theifolia* 和 *S. ernestii* 在两棵系统发育树上也有较高支持率聚在一支（ML 支持率为 73%；BI 后验概率为 0.83），在形态上两者区别亦极小，难以分开，支持前人对两个种的合并处理。

S. theifolia 在前面的实验中，其花粉不同于其他所有种，为具刺类型，同时其在三个基因联合分析的系统发育树上位于系统树的基部，另外其果实有 1—2 室退化，内果皮纸质与其他种均不同，故支持其为基部类群。

仅产于台湾中低海拔地区的 *S. migoi* 与分布于中国大陆长江以南至中国台湾地区中低海拔地区的物种 *S. setchuensis* 在基于 ITS 序列构建的 ML 树和 Bayesian 树上具有非常高的支持率聚在一支（ML 支持率为 100%，BI 后验概率为 0.99），这两个物种在形态上也极为接近，*S. setchuensis* 为团伞花序，而 *S. migoi* 为短穗状花序，且两者在中国台湾地区的分布区也有重叠。

推测 *S. migoi* 是 *S. setchuensis* 扩散到中国台湾地区后，适应当地特殊的生境形成的物种，其生长于中国台湾地区中低海拔山区，较为常见。

分布于日本的 *S. kuroki* 和 *S. nakaharae* 在系统树上也具有绝对支持聚在一支（ML 支持率为 99%，BI 后验概率为 0.99），两者在形态上无法区分开，笔者发现性状存在过渡，因此结合分子和形态学证据，建议将两者作为一个种处理。

仅于中国江西，福建和湖南零星分布的 *S. tetragona* 在基于 ITS 序列构建的 ML 树和 Bayesian 树上位于 *S. migoi*，*S. setchuensis* 构成的小支，与 *S. kuroki* 和 *S. nakaharae* 构成的小支合并后的基部位置，但在 3 个基因联合分析的树图上，该种则仅位于 *S. kuroki* 和 *S. nakahatae* 构成的小支的基部，但该种的长穗状花序（4—8 朵）远长于其他种（0.5—3cm），在形态上容易与其他种分开。只是该种的系统位置与 *S. setchuensis*，*S. tanakae* 的关系问题没有得到很好的解决。

综合分子系统学和形态学证据，*S. theifolia* 和 *S. ernestii* 建议作为一个种处理。*S. kuroki* 和 *S. nakaharae* 建议作为一个种处理。复合体内其他物种较容易区别，给予种的地位，但该复合体内 *S. tetragona* 与 *S. setchuensis*，*S. tanakae* 的种间关系还需要筛选进化速率更快的分子标记进行深入研究。

第7章　分类检索表及分类学处理

7.1　分类检索表

7.1.1　中原氏山矾复合体分种检索表（基于花部形态）

1a. 花序总状

2a. 叶片长15—20cm，宽5.5—8cm，叶柄长1.6—2.2cm　…4. *S. henryi*

2b. 叶片短于15cm，窄于4cm，叶柄长0.4—0.8cm

3a. 雄蕊20—25枚，叶片先端具尖齿 ………………… 3. *S. multipes*

3b. 雄蕊30—80枚，叶片具圆锯齿 ……………………………… 4

4a. 叶片厚革质，雄蕊60—80枚；中果皮明显具8—12条角棱 ………………………………………………… 2a. *S. lucida* ssp. *lucida*

4b. 叶片薄纸质；雄蕊30—60枚；中果皮稍波状 ………………………………………………… 2b. *S. lucida* ssp. *howii*

1b. 花序穗状或团伞状

5a. 每花序具1—3花

6a. 雄蕊35—50枚；叶边缘弯曲 ………………… 7. *S. shilanensis*

6b. 雄蕊 60—120 枚；叶边缘平坦

7a. 小枝细弱，常呈“之”字形；雄蕊 100—120 枚；叶片长 3—6cm ………………………………………… 10. *S. pergracilis*

7b. 小枝粗壮，不呈“之”字形；雄蕊 60—100 枚；叶片长 6—9cm，侧脉和网脉在上面突起 ……………… 11. *S. boninensis*

5b. 花序具多于 3 花

8a. 花序无柄，极度缩短呈团伞状 ………………… 6. *S. setchuensis*

8b. 花序为具分支的穗状

9a. 叶片长 13—20cm，宽 4. 5—8cm；花序长 4—8cm，每个花序上具 15—25 花 ……………………………… 5. *S. tetragona*

9b. 叶片长 3—12cm，宽 1. 5—4cm；花序长 0. 5—2cm，每个花序上具 1—8 花

10a. 雄蕊 60—90 枚

11a. 小枝明显具角棱，角棱翅状；叶片边缘向下反卷，上表面具乳突，侧脉和网脉在上面均凹陷 ……………………………………………… 12. *S. kawakamii*

11b. 小枝圆柱状或稍具脊，叶片不反卷，上表面平坦，侧脉及网脉在上表面明显突出 …………… 13. *S. tanakae*

10b. 雄蕊 15—60 枚

12a. 子房 2 室 ……………………………………… 9. *S. nakaharae*

12b. 子房 3 室

13a. 雄蕊 15—50 枚，侧脉 6—8 对 …………… 1. *S. theifolia*

13b. 雄蕊 50—60 枚，侧脉 8—12 对 …………… 8. *S. migoi*

7.1.2 中原氏山矾复合体分种检索表（基于果实形态）

1a. 果序总状

2a. 叶片长 15—20cm，叶柄长约 2cm；果实长 3—4cm，直径 1. 8—2. 5cm，内果皮厚约 5mm ………………………………… 4. *S. henryi*

2b. 叶片长 4—12cm，叶柄长 0. 3—0. 8cm，果实长 12cm，直径 0. 8cm，内果皮厚约 1mm ………………………………………… 3

3a. 叶边缘具锐尖齿，果核平滑，内果皮纸质 ……… 3. *S. multipes*

3b. 叶边缘常全缘，果核具纵沟，内果皮骨质 ……………………… 4

4a. 叶片厚革质，中果皮明显具 8—12 条角棱 ……………………………………………… 2a. *S. lucida* ssp. *lucida*

4b. 叶片薄纸质，中果皮稍波状 ………… 2b. *S. lucida* ssp. *howii*

1b. 果序穗状或团伞状

5a. 果序团伞状 ………………………………………… 6. *S. setchuensis*

5b. 果序穗状 ……………………………………………………………… 6

6a. 果实 2 室 ………………………………………… 9. *S. nakaharae*

6b. 果实 3 室 …………………………………………………………… 7

7a. 果实 1 或 2 室稍小甚至退化，中果皮纸质 …… 1. *S. theifolia*

7b. 所有室均同等发育，中果皮木质或骨质 …………………… 8

8a. 果序为长穗状，长 4—8cm，每个果序具 15—25 个果实………………………………………………… 5. *S. tetragona*

8b. 果序为一短缩的穗状，长 1—2cm，每个果序具 1—6 个果实 …………………………………………………………… 12

9a. 果实长 2—3cm，直径 0. 8—2cm

10a. 小枝细弱，常呈“之”字形；果实长直比>2，中果

皮形成一个分核 ························ 10. *S. pergracilis*

10b. 小枝粗壮，不呈“之”字形；果实长直比<2，中果皮形成 3 分核 ··································· 11

11a. 叶片(2—5)cm×(0.7—2)cm，边缘反卷，上表面具乳突，侧脉与网脉在上面凹陷；小枝明显具棱，几呈翅状 ································· 12. *S. kawakamii*

11b. 叶片(6—9)cm×(2—2.5)cm，边缘不反卷，上表面平坦，侧脉与网脉在上面明显突出；小枝圆柱状或稍具棱 ··· 12

12a. 果实横切面三角形，核表面稍波状 ·· 11. *S. boninensis*

12b. 果实横切面圆形，核表面具多于 10 条深纵棱 ·· 13. *S. tanakae*

9b. 果实长 0.5—1.5cm，直径 0.4—0.7cm ··············· 13

13a. 叶片全缘或具 2—3 对齿；侧脉 4—5 对；雄蕊 35—50 枚 ··································· 7. *S. shilanensis*

13b. 叶片具圆锯齿；侧脉 6—9 对；雄蕊 50—60 枚 ··· 8. *S. migoi*

7.2　分类学处理

1. 茶叶山矾。

Symplocos theifolia D. Don in Prodr. Fl. Nepal. 145. 1825, non Hayata. 1916, ut ‘theaefolium’. —*Eugeniodes theifolium* O. K. in Revis. Gen. Pl. 2: 409. 1891, ut' theaefolium'. —*Symplocos racemosa* DC. in Prodr. 8: 255. 1844., non Roxb. 1832, nec Wight ex C. B. Clarke. 1882. Type: Nepal. Narainhetty, Hamilton s. n. (BM! photo).

Symplocos phyllocalyx C. B. Clarke in Fl. Brit. India 3: 575. 1882. Type: India. Sikkim, 8-12000ft, J. D. Hooker & c. s. n. (lectoholotype: K!; isolectotypes: M! photo, W! photo).

Symplocos warburgii Brand in Pflanzenr. (Engler) Symploc. Heft. 6: 66. 1901. Type: India. Nilgiri, Warburg 560 (holotype: B, destroyed).

Symplocos discolor Brand in Repert. Spec. Nov. Regni Veg. 3: 216. 1906. Type: China. Yunnan, 1888-06-07, Delavay 4331(holotype: P! photo; isotypes: K!, P! photo).

Symplocos wilsonii Brand in Repert. Spec. Nov. Regni Veg. 3: 216. Dec. 1906, non Hemsl. (July 1906). —*Symplocos ernestii* Dunn in J. Linn. Soc, Bot. 34: 499. 1911, ut' ernesti'. —*Dicalix ernestii* (Dunn) Migo in Bull. Shanghai Sci. Inst., 13(3): 201. 1943. Type: China. W Hupei, 1900-04-24, Wilson 58 (lectoholotype: E!; lectoisotypes: A!, E!, K!, NY! photo, P! photo, US! photo); China. Sutchuen oriental, District de Tchen-Kéou-Tin, R. P. Farges 796 (lectoparatype: US! photo).

Symplocos loheri Brand in Philipp. J. Sci. 7: 32. 1912. Type: Philippines. 1906-03-06, A. Loher 6192 (holotype: SING! photo, isotype: M! photo).

Symplocos xanthoxantha H. Lév. in Bull. Géogr. Bot. 24: 283. 1914. Type: China. Mo-Tsou, 3000m, 1913-04, E. E. Maire 648 (holotype: E!).

Symplocos coronigera H. Lév. in Repert. Spec. Nov. Regni Veg. 10: 431. 1912. Type: China. Kweichou: Ma-jo, 1907-07-24, Cavalerie 3106 (holotype: E!; isotype: P! photo).

Symplocos potaninii Gontsch. in Not. Syst. Herb. Hort. Petrop. 5: 100. 1924. Type: China. Szechwan: Mt. Omei, Potanin, 2-4-1893 (holotype & isotype: LE, not seen).

Symplocos elephantis Guillaumin in Bull. Soc. Bot. France 71: 279. 1924; Fl. Gén. IndoChine, 3: 998. 1933. Type: Cambodia. Kampot: Mts. de l'Eléphant, 1000m, 1919-09-07, Poilane 239 (syntypes: P! photo, US! photo); Cambodia. Kampot: Mts. de l'Eléphant, 900m, 1919-08-15, Poilane 341 (syntypes: A!, BM! photo, CAS! photo, NY! photo, US! photo).

Dicalix shinodanus Migo in Bull. Shanghai Sci. Inst. 13(3): 205. 1943. Type: China. Yunnan(isotypes: LBG!, NAS!).

Symplocos ernestii Dunn var. *pubicalyx* C. Chen in Fl. Yunnan. 16: 807 (304-305). syn. nov. Type: China. Yunnan: Jingdong, M. K. Li 1209 (holotype: KUN!); China. Yunnan: Jingdong, 1963-06-08, Z. H. Yang et al. s. n. (paratype: KUN!).

常绿小乔木或灌木，高达15m。小枝绿色，无毛，具棱。叶柄长6—12(—16)mm；叶片革质，(8—12)cm×(2—3)cm，两面无毛，基部楔形，边缘近全缘或具锯齿，先端长渐尖；中脉在上面突出，侧脉8—12对。花序为一基部分支的穗状花序，长8—25mm，具3—6朵花，花序轴具柔毛；苞片和小苞片宿存，宽倒卵形，长1—3mm，常无毛。花萼无毛或具柔毛，边缘具缘毛，裂片圆形。花冠白色，长3—5mm，5深裂。雄蕊15—50枚，五体或不明显五体。花盘具柔毛。核果椭圆形，(1—1.5)cm×约0.6cm，顶端具直立或开展的宿存花萼裂片，3室，1或2室常不育，果核表面无毛，裂至一半，形成一个深裂的核，内果皮纸质。花期3—5月，果期6—8月。

产不丹、柬埔寨、中国（长江以南）、印度、印度尼西亚、马来西亚、缅甸、尼泊尔和菲律宾（图 7.1）。生于海拔 2600m 以下的山坡杂木林中。

注：

茶叶山矾（*S. theifolia*）花粉表面具刺状突起，另外具纸质内果皮，存在不育室（图 2.12N）；易于与复合体内其他种相区分。

Wu（1987）认为其不同于 *S. phyllocalyx* 的主要原因为其果核不形成 3 分核，且雄蕊不明显呈五体。

笔者观察并解剖了大量标本，最后发现这两个区别特征在个体中并不一致，*S. phyllocalyx* 果实 3 室经常有 1—2 室退化，因此，如果不进行大量解剖观察容易误认为其果实为 1 室或 2 室。除以上两个过渡性状外，两者无法区分，因此这两个种应当并为一种，根据优先率原则，*S. theifolia* 为有效名。

在仔细检查过 KUN 的毛萼山矾模式标本、普通标本以及原始描述后，发现 *S. theifolia* 花萼上的毛不是一个有效的分类学性状，甚至笔者在同一个花序中发现了无毛与有毛的花萼，花萼的有无毛与环境没有明显的关系。因此，把这个名称作为一个新异名。

研究标本：

BHUTAN（不丹）. Tongsa District, G. & S. Miehe 00 - 012 - 07（A）; G. & S. Miehe s. n.（E）; Bhutan to Sikkim, Griffith W. 2275（K）; Grierson, A. J. C. & Long, D. G. 1602（K）; Grierson, A. J. C. & Long, D. G. 1190（K）; Precise location unknown: Griffith W. 2275（E）;

CAMBODIA（柬埔寨）. Mts de l'Eléphant, Poilane M. 239（K）.

CHINA（中国）. Anhui（安徽）: Xiuning（休宁）, anonymous 2549（PE）; Chongqing（重庆）: Nanchuan（南川）, Bo Liu（刘博）168（PE）; Zhongdian（中甸）, W. P. Fang（方文培）685（PE）; Guangxi

(广西): Mt. Damiaoshan (大苗山), Q. H. Lv 3295 (PE); Guizhou (贵州): Mt. Fanjingshan (梵净山), Albert N. Steward, C. Y. Chiao & H. C. Cheo 486 (PE); Mt. Fanjingshan (梵净山), Y. Tsiang 7746 (PE); Hubei (湖北): Ichang (宜昌), A. Henry 3730 (K); Hefeng (鹤峰), Bo Liu (刘博) 106 (PE); Jianshi (建始), Ho-Chang Chow 1255, 1754 (PE); Shennongjia (神农架), E-Shennongjia Exped (鄂神农架东队) 22346 (PE); Hunan (湖南): Mt. Ziyun (紫云山), Ziyunshan Exped. (紫云山队) 764 (PE); Jiangxi (江西): Mt. Wugong (武功山), Jiangxi Invest. Team (江西调查队) 1117 (PE); Shanxi (陕西): Tiewadian (铁瓦店), B. Z. Guo (郭本兆) 2147 (PE); Sichuan (四川): Jianwei (犍为), Bo Liu (刘博) 180 (PE); Mt. Emei (峨眉山), T. N. Liu (刘慎鄂) 12240 (PE); Mt. Emei (峨眉山), G. H. Yang (杨光辉) 56251 (PE); Tibet (西藏): Motuo (墨脱), W. L. Chen (陈伟烈) 15128 (PE); Yunnan (云南): Mt. Huanglian (黄连山), Bo Liu (刘博) s. n. (PE); Mt. Yulong (玉龙山), Z. H. Yang (杨增红) 101829 (PE).

INDIA (印度). West Bengal: Darjeeling, Sum forests, anonymous 6622 (RRLH); Darjeeling, Clarke C. B. 27596 (K); Darjeeling, Haines H. H. 1130 (K); Darjeeling, Haines H. H. 783 (K); Darjeeling, Dawsona 258A (K).

NEPAL (尼泊尔). Central Development Region: Narayani, Second Darwin Nepal Fieldwork Training Exped. B233 (A); Arun Valley, above Tashigaon, Edinburgh Makalu Exped. (1991) 19920059 (E); Bikhey Bhanjang, Hara H., Kanai H., Kurosawa, Togashi M. & Tuyama T. 6303841 (K)

PHILIPPINES (菲律宾). Precise location unknown, Ingle Nina

R. 592 (E, K).

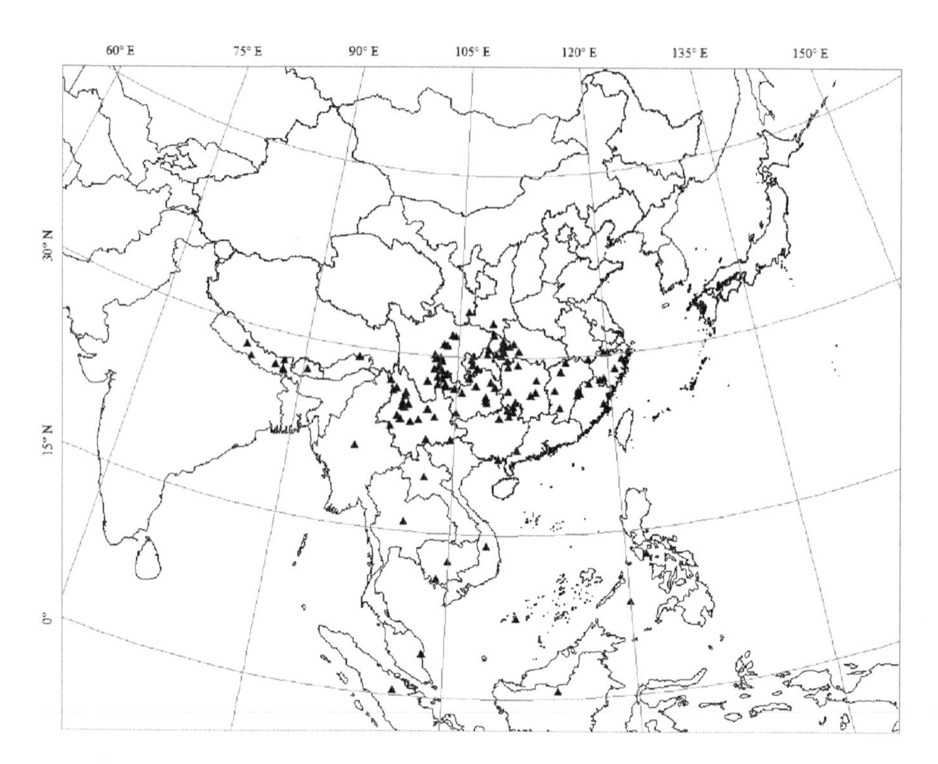

图 7.1 茶叶山矾 (*S. theifolia*) 地理分布

Figure 7.1 Distribution Map of *S. theifolia*

2. 厚皮灰木。

Symplocos lucida Wall. ex G. Don in Gen. Hist. 4: 3. 1837. descr., non Siebold et Zucc. 1838. —*Lodhra lucida* Miers in J. Linn. Soc., Bot. 17: 299. 1879. Type: Wallich 4414 (isotypes: BM! photo, CGE! photo).

常绿小乔木或灌木。小枝粗壮，黄绿色，无毛，具棱。叶柄长 8—15mm；叶片厚革质，卵状椭圆形、椭圆形或狭椭圆形，6.5—10×2.5—4cm，两面无毛，基部楔形，边缘全缘或偶具少量腺齿，先端长尾尖；中脉在上面突出，侧脉 6—10 对。腋生花序长 1—2cm，中部或基部分枝，具4—7朵花；苞片宿存，长圆状卵形，小苞片宿存，三角状卵形。花萼外面被柔毛，边缘具缘毛，长圆状卵形，裂片椭圆形或宽卵形。花冠白色，长3—5mm，深5裂。雄蕊五体，60—80枚。花盘具柔毛及5腺体。核果长圆状卵形或倒卵形，（1—1.5）cm×（0.5—0.8）cm，先端具宿存直立花萼裂片，3室，均衡发育，等大，核表面具锐棱或波状，完全裂为3分核，中果皮木质，内果皮骨质，厚2—3mm。

产中国、印度尼西亚、马来西亚、菲律宾、新加坡、泰国和越南。生于1800m以下的阔叶林中。

1a. 叶片厚革质；雄蕊60—80枚；中果皮明显具8—12条锐棱 …………………………………………………… 2a. ssp. *lucida*

1b. 叶片薄革质；雄蕊30—60枚；中果皮稍具棱…… 2b. ssp. *howii*

2a. ssp. *lucida*

Symplocos ciliata（Blume）Miq. in Fl. Ned. Ind. 1（2）：466. 1859.，non C. Presl. 1835，nec Benth. 1841. —*Dicalix ciliatus* Blume in Bijdr. Fl. Ned. Ind. 17：1119. 1826. —*Eugeniodes ciliatum*（Blume）Kuntze in Revis. Gen. Pl. 2：975. 1891. Type：Indonesia，West Java，Mt. Tjeremai，Blume 1598（holotype：L! photo）.

Symplocos crassifolia Benth. in Fl. Hongk. 212. 1861.—*S. japonica* var. *crassifolia* Benth. in Hooker's J. Bot. Kew Gard. Misc. 4：303. 1852. —*Lodhra crassifolia* Miers in J. Linn. Soc.，Bot. 17：302. 1879. —*Dicalix crassifolia*（Benth.）Migo in Bull. Shanghai Sci. Inst. 13：200. 1943. Type：China. Hong Kong：Mt. Victoria. Champion 136（holotype：K!）.

Symplocos ridleyi King & Gamble in J. Asiat. Soc. Bengal，Pt. 2，Nat. Hist. 74（1）：239. 1906 Type：Singapore. Kranji，1894-07，Ridley 5684（holotype K!；isotype：BM! photo，SING! photo）.

Symplocos laeviramulosa Elmer in Leafl. Philipp. Bot. 7：2323. 1914. Type：Philippines. Island of Mindanao：Cabadbaran，1912 - 10，Adolph D. E. Elmer 14123（syntypes：BM！photo，K！，L！photo，MO！photo，NY！photo，W！photo）.

叶片厚革质；雄蕊 60—80 枚；中果皮明显具 8—12 条锐棱。花期 6—11 月，果期 7—12 月。

产中国（湖南南部、广东、广西和香港）、印度尼西亚、马来西亚、菲律宾、新加坡、泰国和越南，生于海拔 1800m 以下的阔叶林中（图 7.2）。

注：

S. lucida Wall. ex D. Don 与 *S. theifolia* 广泛分布于亚洲东部和东南部，这两个种在外形上有相似之处，但是厚皮灰木具厚革质的叶片和具分枝的总状花序区别于茶叶山矾的穗状花序。另外，在果期，厚皮灰木中果皮上的 8—12 条锐棱可以与其他种明显区分开，因此它应当被给予种的地位。

标本引证：

CHINA（中国）. Guangdong（广东）：Conghua（从化），L. Deng（邓良）8550（SZ）；Dianbai（电白），Z. Huang（黄志）38705（PE）；Fengkai（封开），L. Deng（邓良）163341（SWCTU）；Mt. Luofu（罗浮山），N. Q. Chen（陈念劬）41553（SZ，PE）；Mt. Luofu（罗浮山），N. K. Chun 41553（SZ）；Xinfeng（新丰），L. Deng（邓良）8213；Xinyi，S. P. Ko. 51397（PE）；Yangshan（阳山），X. G. Li（李学根）201225，201194（HHBG）；Precise location unknown，Y. Tsiang 233（PE）；Guangxi（广西）：Hepu（合浦），CAS Guangdong Hepu Plant Exped（中国科学院广东合浦区植物调查队）2002（PE）；Rongshui

（融水），anonymous，s. n.（PE）；Mt. Tiantai（天台山），S. Q. Chen（陈少卿）9745（PE）；Hunan（湖南）Mt. Mangshan（莽山），D. Z. Lu 284（N）；Hong Kong（香港）：Mt. Lianhua（莲花山），C. Wang 3226（SZ）；Mt. Lianhua（莲花山），N. Q. Chen（陈念劬）41783（WH）；Mt. Lianhua（莲花山），N. Q. Chen（陈念劬）41777（PE）；Mt. Ma On（马鞍山），S. Y. Hu（胡秀英）11797（PE）；Mt. Victoria（维多利亚山），S. Y. Hu（胡秀英）8853（PE）.

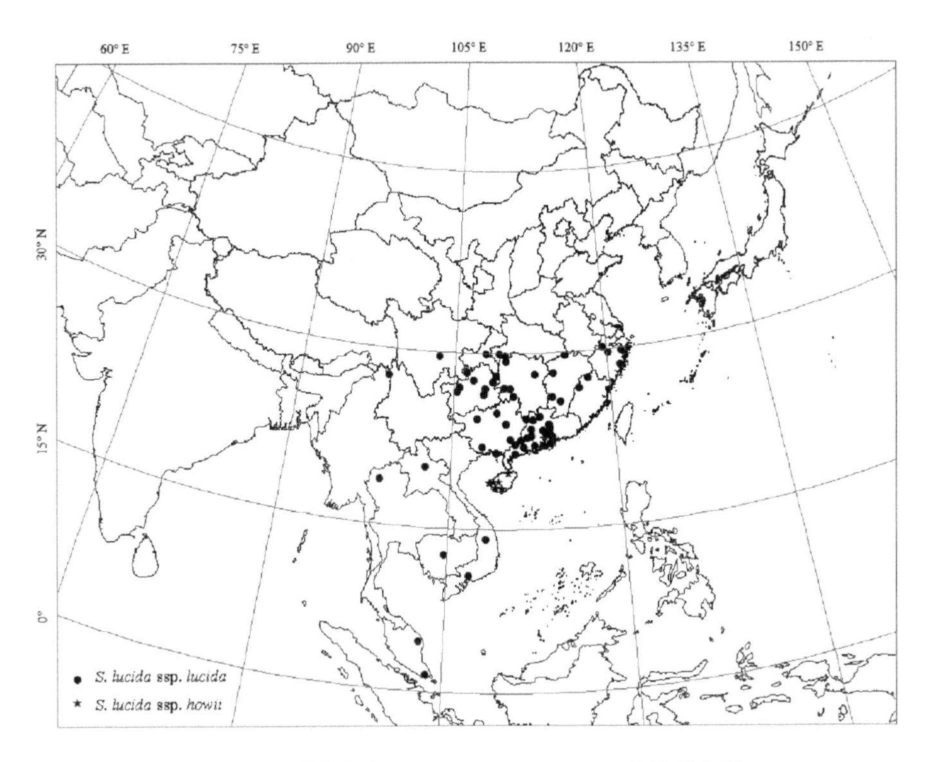

图7.2　厚皮灰木（*S. lucida* ssp. *lucida*）和棱核山矾（*S. lucida* ssp. *howii*）地理分布

Figure 7.2　Distribution Map of *S. lucida* ssp. *lucida* and *S. lucida* ssp. *howii*

INDONESIA（印度尼西亚）. East Java：Besuki，van Steenis 10895，10902（K）；Madioen，Elbert J. s. n.（L）；Pasoeroean，Koorders 38237 B

(K); Sulawesi Selatan: Piek van Bonthain, Teysmann 13986 (K); West Java: Mt. Tjeremai, van Steenis C. G. G. J. s. n. (K); Mt. Tjeremai, Junghuhn 419 (K); Mt. Tjeremai, Junghuhn s. n. (K); Mt. Tjeremai, Koorders S. H. 6184 B, 6188 B (K); Tanjung Lesung, Afriastini J. J. Bl-39 (K); West Nusa Tenggara: Mt. Batulanteh, Kostermans 18476 (K).

SINGAPORE (新加坡). Kranji: Ridley 6755 (K).

THAILAND (泰国). Chiang Mai: Mt. Doi Inthanon, Nooteboom H. P. 832 (K).

VIETNAM (越南). Dong Nai: Poilane M. E. 23393, 21972, 22692 (K); Tokin: Mt. Sai Wong Mo, Tsang W. T. 30168 (K).

2b. 棱核山矾

ssp. *howii* (Merr. & Chun ex H. L. Li) Bo Liu & H. N. Qin comb. nov.

Symplocos howii Merr. & Chun ex H. L. Li in J. Arnold Arbor. 25 (2): 211. 1944. Type: China. Hainan: Poting, ca. 500m, 1935-07-23, F. C. How 73286 (holotype: A!, isotypes: PE!, SING! photo).

叶片薄革质；雄蕊30—60枚；中果皮稍具棱。花期6—7月，果期7—9月。

中国特有，产海南（保亭、白沙、乐东），生于海拔1800m以下的阔叶林中（图7.3）。

注：

本亚种较像原亚种，但是考虑到较少枚数的雄蕊与不同结构的中果皮；笔者将其处理为一个亚种。

标本引证：

CHINA (中国). Hainan (海南): Baisha (白沙), X. Q. Liu (刘心祈) 26356 (PE); Baoting (保亭), K. S. Hou (侯宽昭) 73346 (PE);

Baoting（保亭），anonymous，73286（PE）；Mt. Diaoluo（吊罗山），Diaoluoshan Exped.（吊罗山队）2320（PE）；Mt. Taohuai，X. Q. Liu（刘心祈）27450（PE）；Qionghai（琼海），Hainan East Exped.（海南东队）00055（PE）；Qiongdong（琼东），Hainan East Exped.（海南东队）55（FUS）.

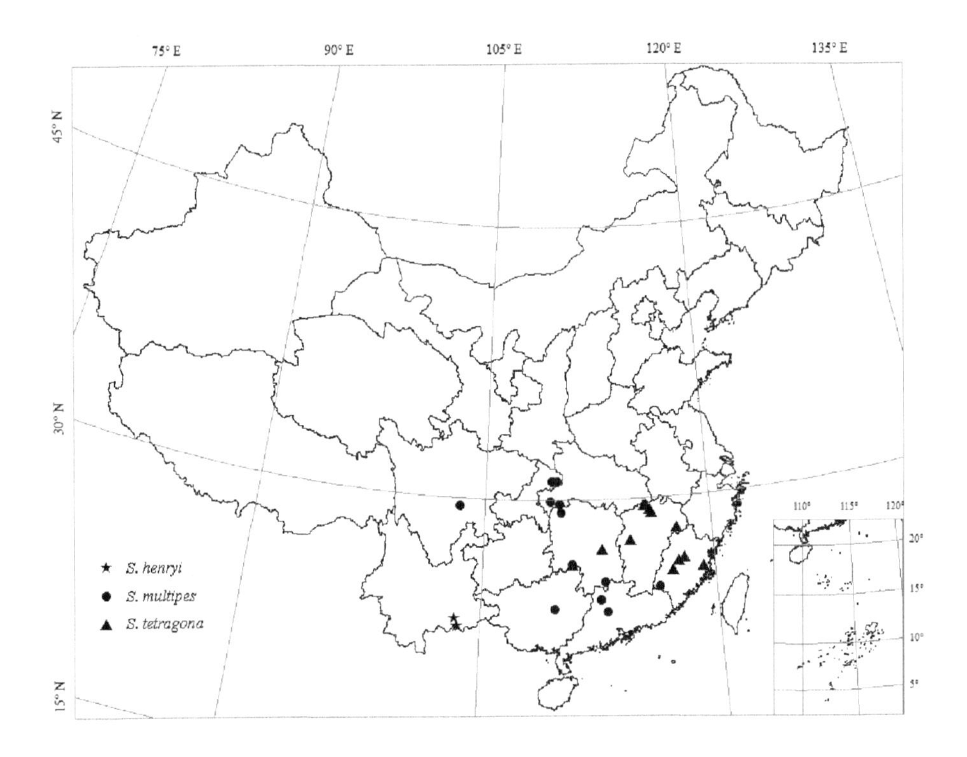

图 7.3　蒙自山矾（*S. henryi*），枝穗山矾（*S. multipes*）和棱角山矾（*S. tetragona*）的地理分布

Figure 7.3　Distribution Map of *S. henryi*, *S. multipes* and *S. tetragona*

3. 枝穗山矾。

Symplocos multipes Brand in Repert. Spec. Nov. Regni Veg. 3：216. 1906. Type：China. Nantou，1900-03，Wilson 4（syntypes：E!，K!，NY! photo，W! photo）.

常绿小灌木；小枝黄绿色，无毛，粗壮。叶柄长 8—10mm；叶片革质，卵形或椭圆形，(5—8.5) cm×(2.5—4.5) cm，两面无毛，基部楔形，边缘具锐锯齿，先端具长尾尖；中脉在上面突起，侧脉4—6对。腋生总状花序长1—3cm，具3—8朵花，多分枝，花序轴具柔毛；苞片和小苞片宿存，宽倒卵形。花萼边缘具缘毛，裂片卵形。花冠白色，长3.5—4mm，深5裂。雄蕊约25枚，五体。花盘具柔毛。核果长圆状近球形，(0.5—0.6) cm×约0.6cm，先端具宿存起立的花萼裂片，3室，均完好发育，一室较大，其余两室较小，等大，核表面极平滑，半裂，形成一个深裂的核，内果皮薄木质。花期3—4月，果期8月。

中国特有，产重庆、湖北、广东、广西和四川，生于海拔500—1500m的灌丛中。

注：

此种与 *S. lucida* Wall. ex D. Don 类似，但是其叶片具锐锯齿，核构造亦不同，*S. multipes* 核表面极平滑，1室较大，而 *S. lucida* Wall. ex D. Don 核表面具锐棱或波状，3室均衡等大发育。此外，两个种在地理分布范围上不重合；它们花期亦不同。

标本引证：

CHINA（中国）. Chongqing（重庆）：Mt. Huayun（华云山），T. T. Yu（俞德浚）5055（PE）；Mt. Huayun（华云山），CAS Sichuan Exped（中科院四川队）. 5055（SZ）；Guangdong（广东）：Mt. Danxia，W. Y. Chun 5578（IBSC）；Yangshan（阳山），P. X. Tan 60393（IBSC）；Yuebei，K. W. Liang 230（IBSC）；Guangxi（广西）：Mt. Guchenyao，Kwangsimus 194（IBSC）；Hubei（湖北）：Hefeng（鹤峰），H. J. Li 8388（PE）；Mt. Badagong，H. J. Li 3468（PE）；Sichuan（四川）：Jiuzhaigou（九寨沟），J. H. Xiong & Z. L. Zhou 90025（LBG）；Precise location unknown：anonymous s. n.（SZ）；Farges R. P. s. n.（KEW）.

4. 蒙自山矾。

Symplocos henryi Brand in Pflanzenr.（Engler）Symploc. Heft 6: 67. 1901. Type: China. Yunnan: Mengzi, ca. 1500m, 1898, A. Henry 11415 (lectoholotype: K!; lectoisotypes: CAS! photo, E!, MO! photo, NY! photo, PE!, US! photo)

常绿乔木，高10m。小枝黄褐色，无毛，圆柱形。叶柄长1—2cm，叶片薄纸质，长圆形或椭圆状长圆形，(15—20)cm×(5—9)cm长，两面无毛，基部楔形，边缘近全缘或具腺锯齿，先端短渐尖；中脉在上面突起，侧脉9—10对。腋生总状花序长0.6—2cm，具3—5朵花，花序轴具柔毛；苞片与小苞片宿存，宽倒卵形，常无毛。花萼边缘具缘毛，裂片圆形。花冠白色，长3—5mm，深5裂。雄蕊五体，75—80枚。花盘无白色柔毛。核果长椭圆形，(3—4)cm×(2—2.5)cm，先端具直立或开展的花萼裂片，3室，1室常退化，核表面具深纵沟，半裂，形成一个深裂的核，中果皮木质，内果皮棕色，厚木质，厚5—8mm。花期9—10月，果期次年9月。

中国特有，产云南（蒙自和屏边），生于海拔900—1700m的阔叶疏林或密林中。

注：

此种特征最为明显，它有若干显著特征；叶纸质，叶子在复合体中最大：(15—20)cm×(5—9)cm，果实在复合体中最大（3—4)cm×(2—2.5)cm，因此其应当被给予种的地位。

标本引证：

CHINA（中国）. Yunnan（云南）: Pingbian（屏边），Dudian（独甸），K. M. Feng（冯国楣）5201（KUN）; Pingbian（屏边），Aogapotou（凹嘎坡头），K. M. Feng（冯国楣）4637（KUN）.

5. 棱角山矾。

Symplocos tetragona F. H. Chen ex Y. F. Wu in Acta Phytotax. Sin. 24 (3)：194. 1986. Type：China. Zhejiang：Hangzhou Botanical Garden，cultivated (introduced from Jiangxi：Jiujiang)，1978-04，Y. Y. Ho 30344 (holotype：IBSC!).

常绿乔木，高达18m。小枝黄绿色，粗壮无毛，明显具4—5棱。叶柄长14—20mm；叶片厚革质，(12—20) cm×(4—8) cm，两面无毛，基部楔形，边缘近全缘或具锐锯齿，先端长渐尖；中脉在上面突起，侧脉8—12对。花序为基部分枝的穗状花序，长4—8cm，花序轴具柔毛，每一花序上有15—30朵花，数朵顶生于小枝顶端；苞片卵形，小苞片宿存，椭圆形。花萼无毛或具柔毛，边缘具缘毛；裂片圆形。花冠白色，长约6mm，5深裂。雄蕊五体，20—50枚。花盘具软毛。核果长椭圆形，约1.5cm×约0.8cm，先端具直立的宿存花萼裂片，3室全部发育，等大，核表面稍波状，半裂，形成一个深裂的核，内果皮厚木质。花期2—4月，果期8—10月。

中国特有，产福建（永安、沙县和南平）、湖南（道县）、江西（庐山、都昌和九江），生于海拔1000m以下的杂木林中。在中国南方作为观赏植物栽培。

注：

Wu与Nooteboom (1996) 把棱角山矾作为*S. nakaharae* s. l. 的异名，他们的原因是："许多采集中光亮山矾的叶柄下延到小枝，使得小枝具脊至稍具翼。棱角山矾这个名字被应用到了其极端的变异个体中，但是经过仔细研究发现，很明显，除了具翼的小枝，棱角山矾与光亮山矾不可区分"。

经过检查标本，野外调查和对栽培个体的观察，笔者发现棱角山矾为一个特征明显的种。依据以下特征，它应当被给予种的地位：其具棱的小枝和叶柄为一稳定的特征；它与光亮山矾有明显区别：其叶厚革质，(12—20)cm×(4—8)cm，而光亮山矾叶薄革质，(4—7)cm×(2—3.5)cm；其花序为基部分枝的穗状花序，具 15—30 朵花，而光亮山矾花序长至 1cm，具 3—8 朵花；棱角山矾花芽为淡紫色，而光亮山矾花芽为白色；棱角山矾各花序顶生于小枝头三个节上，而光亮山矾的花序则平均地分布到小枝的各个部位；棱角山矾子房 3 室，核表面微皱，光亮山矾子房 2 室，核表面完全平滑。

此种作为观赏树种广泛栽培于湖北、湖南、福建和浙江。

标本引证：

CHINA（中国）. Hubei（湖北）：Wuhan Botanical Garden cultivated（武汉植物园栽培），Bo Liu（刘博）94（PE）；Fujian（福建）：Shaxian（沙县），anonymous，s. n.（KUN）；Hunan（湖南）：Nanyue Botanical Garden cultivated（南岳植物园栽培），Bo Liu（刘博）259（PE）；Nanyue Botanical Garden cultivated（南岳植物园栽培），M. H. Li（李明红）& Y. Q. Kuang（旷月秋）672（PE）；Jiangxi（江西）：Duchang（都昌），Bo Liu（刘博）64（PE）；Xingzi（星子），Bo Liu（刘博）24，39，40，43，44（PE）；Lushan（庐山），G. Yao（姚淦）8799（LBG）；Lushan（庐山），Y. G. Xiong（熊耀国）894，7117（PE）；Lushan（庐山），M. J. Wang（王名金）143，724，1208（PE）；Zhejiang（浙江）：Hangzhou Botanical Garden cultivated（杭州植物园栽培），Bo Liu（刘博）5（PE）；Hangzhou Botanical Garden cultivated（杭州植物园栽培），anonymous，37（PE）；Hangzhou Botanical Garden cultivated（杭州植物园栽培），Q. G. Zhu（朱秋桂）& Q. W. Liu（刘卿雯）193（IBSC）.

6. 四川山矾。

***Symplocos setchuensis* Brand ex Diels** in Bot. Jahrb. Syst. 29 (3-4): 528. 1900. —*Dicalix setchuensis* (Brand) Migo in Bull. Shanghai Sci. Inst. 13: 205. 1943. Type: China. Sichuan: Mt. Emei, E. Faber 209 (syntype: K!); China. Sichuan: Patung District, A. Henry 3730 (syntype: K!); China. Sichuan: Nanchuan, Ku fu tung, 1891-09, Bock & von A. Rostorn 928 (syntype: GZU! photo, sterile); China, Bock & von A. Rostorn 976 (syntype: W! photo, sterile).

Symplocos acutangula Brand in Pflanzenr. (Engler) Symploc. Heft 6: 65. 1901. Type: China. Futschan, 1887, Warburg 5855 (lectotype: K!).

Symplocos argyi H. Lévl. in Repert. Spec. Nov. Regni Veg. 10: 431. 1912. Type: China. Kiangsu: Longtze, 1846-06-06, d'Argy s. n. (holotype: E!, isotype: A!).

Symplocos ilicifolia Hayata in Icon. Pl. Formosan. 5: 102, t. 29. 1915. —*Bobua ilicifolia* (Hayata) Kaneh. & Sasaki in Sasaki, List Pl. Formos. 331. 1928. Type: Taiwan: Mt. Hakakotaizan, U. Mori 2688 (holotype: TAIF! photo).

Symplocos glomeratiflora Hayata in Icon. Pl. Formosan. 5: 100. 1915. —*S. congesta* Benth. var. *glomeratifolia* (Hayata) S. S. Ying in Bull. Exp. Forest Taiwan Univ. 116: 554. 1975. —*S. glomerata* King ex C. B. Clarke var. *glomeratifolia* (Hayata) S. S. Ying in Coloured Illustr. Fl. Taiwan. 2: 578. 1987. Type: Formosa. Mt. Arisan, S. Sasaki 1911 (holotype: TI! photo).

Symplocos sinuata Brand in Repert. Spec. Nov. Regni Veg. 14: 326. 1916. Type: China. Yunnan, ca. 1500m, A. Henry 13401 (lectoholotype: A!, lectoisotypes: K! photo, NY! photo).

常绿乔木，高18m。小枝绿色，无毛，具棱。叶柄长5—10mm；叶片薄革质，长圆形或狭椭圆形，(6.5—13)cm×(2—5)cm，两面无毛，基部楔形，边缘具锐锯齿，先端长渐尖或渐尖；中脉在上面突起，侧脉8—12对。花序团伞状，具3—8朵花，花序轴具柔毛；苞片和小苞片宿存，宽倒卵形，外面密被柔毛。花萼边缘具缘毛，裂片长圆形。花冠白色，长3—5mm，深5裂。雄蕊30—40枚，五体。花盘具柔毛。核果卵形或长圆形，(5—10)mm×(6—8)mm，顶端具宿存直立的花萼裂片，子房3室，全部发育，等大，核表面极平滑，形成3个深裂的分核，内果皮木质。花期2—4月，果期6—10月。

中国特有，产安徽、福建、广西、湖南、江苏、江西、台湾、云南和浙江，生于海拔2000m以下的杂木林中或林缘（图7.4）。

注：

应俊生（1978）、王玉国和欧辰雄（1999）把这个种并入光亮山矾，除去光亮山矾子房是2室不同于此种的3室外，其团伞花序也是非常独特的性状。

标本引证：

CHINA（中国）. Anhui（安徽）：Xiuning（休宁），anonymous 3251（PE）；Mt. Huangshan（黄山），M. J. Wang（王名金）3545（PE）；Mt. Meimaofeng（眉毛峰），L. G. Fu（傅立国）0718（PE）；Chongqing（重庆）：Mt. Jinyun（缙云山），Bo Liu（刘博）141(PE)；Mt. Jinyun(缙云山)，Chuanqian Exped.（川黔队）467（PE）；Mt. Jinyun（缙云山），T. T. Yu（俞德浚）5100（PE）；Fujian（福建）：Mt. Wuyi（武夷山），C. P. Jian et al.（简焯坡，等）400548（PE）；Guizhou（贵州）：Mt. Jinding（金鼎山），Chuanqian Exped.（川黔队）1357（PE）；Guangxi（广西）：Luocheng（罗城），R. C. Qin（秦仁昌）6035（PE）；Hubei（湖北）：Hefeng（鹤峰），Bo

Liu（刘博）138（PE）；Hong Kong（香港）：Central Island，S. Y. Hu（胡秀英）12170（PE）；Hunan（湖南）：Mt. Wanfeng（万峰），Z. C. Luo（罗仲春）1723（PE）；Dengjiachong（邓家冲），Y. B. Luo（罗毅波）2796（PE）；Jiangsu（江苏）：Mt. Minling，F. X. Liu（刘昉勋），M. J. Wang（王名金）& Z. Y. Huang（黄志远）2337（PE）；Jiangxi（江西）：Lushan Botanical Garden（庐山植物园），Bo Liu（刘博）55（PE）；Jiujiang（九江），C. M. Tan（谭策铭）951375（PE）；Chongren（崇仁），Y. Jiang（蒋英）10009（PE）；Taiwan（台湾）：Neihu（内湖），S. Y. Lv（吕胜由）5603（TAIF）；Rengechi，Keng，Liu & Kao s. n.（TAI）；Yunnan（云南）：Mt. Laojun，（老君山）Y. M. Shui（税玉民）002027（PE）；Wenshan（文山），H. T. Tsai 51641（PE）；Zhejiang（浙江）：Mt. Baishanzu（百山祖），Bo Liu（刘博）14（PE）；Mt. Tiantai，（天台山），anonymous 0157（PE）.

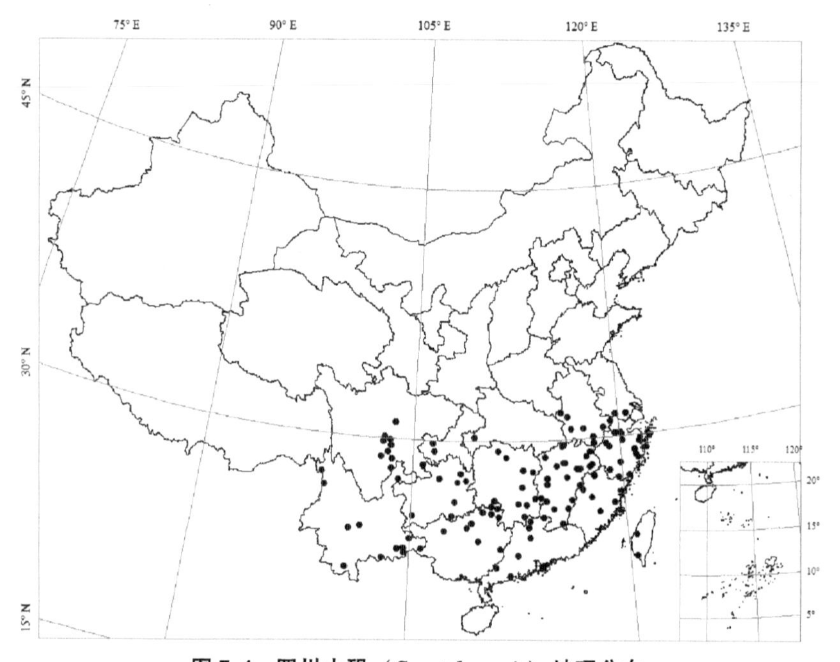

图 7.4 四川山矾（*S. setchuensis*）地理分布

Figure 7. 4 Distribution Map of *S. setchuensis*

7. 拟日本灰木。

Symplocos migoi Nagam. in Fl. Taiwan ed. 2，4：116. 1998. Type：Taiwan. Ilan：Mt. Taiping，ca. 2000m，1963-6-30，M. Tamura，T. Shimizu & M. T. Kao 21397（holotype：KYO！ photo）.

常绿小乔木。小枝绿色至深棕灰色，圆柱形。叶柄长3—10mm；叶片革质，(3—9)cm×(1—3)cm，两面无毛，基部楔形，边缘反卷，具圆锯齿，先端短尾尖状，稍钝；中脉在上面突起，侧脉6—8对。花序腋生，呈短缩的穗状，具圆锥状分枝，花序轴具柔毛，长1cm；苞片宿存，半圆形至扁卵形，小苞片2枚，宿存，卵形，常无毛。花萼边缘具缘毛，裂片卵形。花冠白色，长4.5—5.5mm，5深裂。雄蕊50—60枚，五体。花盘具柔毛。核果椭圆形或倒卵形，(0.9—1.3)cm×(0.5—0.7)cm，顶端具直立或开展的宿存花萼裂片，子房3室，全部发育，等大，果核表面平滑，深裂，形成一深裂的核，内果皮木质。花期12月—次年2月，果期8—9月。

中国特有，产台湾，生于山区（图7.5）。

注：

S. nakaharae，*S. migoi* 和 *S. shilanensis* 在形态学上类似，是相近的类群，王玉国（2000）把 *S. migoi* 与 *S. nakaharae* s. str. 混淆，但是后者子房2室，*S. migoi* 子房3室。*S. shilanensis* 在叶先端有2—3对锐锯齿，叶脉和雄蕊数目均少于 *S. migoi*；以上即区分3个种的重要特征。

标本引证：

CHINA（**中国**）. **Taiwan**（**台湾地区**）. **Hsinchu**（**新竹**）：by Yuanyanghu lake，anonymous，s. n.（HAST）；Yufeng Village，C. C. Liao 813（HAST）. **Hualian**（**花莲**）：Hoping logging tract，J. C. Wang，H. W. Lin et al. 8611（TAI），W. H. Hu 2201（HAST）；Fong-shan Branch Station，Liu，

Chen & Kao 18 (TAI); Ruisui, Yuhli Wildlife Protected Area, K. Y. Wang 597 (HAST). **Ilan** (宜兰): Mt. Taiping, C. C. Chuang, J. M. Chao & M. T. Kao 4725, 4730 (TAI, HAST); Yuen-yana Lake Nature Reserve, E. W. Wood 3836 (PE); Precise location unknown, W. Word 3836 (PE). Jiayi: Mt. Ali, C. S. Kuo 80309 (TAI). **Miaoli** (苗栗): Da-lu West Logging tract, J. C. Wang & Summer collecting team, 8405 (HAST). **Nantou** (南投): Mt. Tsuifeng, S. Y. Lv 13364 (HAST); Yunhai, S. Y. Lv 4703 (TAIF). Pingtung (屏东): Mt. Kaoshifoshan, T. Y. Liu 1056 (HAST); Mutan Hsiang, anonmyous s. n. (HAST), S. M. Liu 225 (HAST), S. Z. Yang 27270 (HAST); Yung - hai to Tien - Chih, S. L. Kelley, Y. C. Kao & C. T. Huang 200 - 98 (HAST); Precise location unknown, H. Ohashi, Y. Tateishi et al. 13503 (PE); Mt. Gaoshifo, C. C. Wang s. n. (PE). **Taichung** (台中): Keng, Liu & Kao s. n. (TAIF). **Taipei** (台北): Sanhsia Town, to Peichatienshan, K. Y. Wang 452 (HAST); Mt. Chising, K. C. Yang 1240 (TAI); Mt. Takuanshan, K. Y. Wang 869 (HAST); Precise location unknown, C. F. Hsieh, T. S. Hsieh & C. S. Hsiao 674 (TAI).

8. 希兰灰木。

Symplocos shilanensis Y. C. Liu & F. Y. Lu in Quart. J. Chin. Forest 10 (3): 90. 1977. Type: Taiwan. Pingtung: Mt. Shilan, 1974 - 7 - 17, C. H. Ou et al. 2730 (holotype: TCF! photo, isotype: TPCA! photo).

常绿小乔木。小枝深棕色，圆柱形或稍具脊。叶柄长5—7mm；叶革质，椭圆形至卵形，(2.5—5)cm×(1.5—2.5)cm，两面无毛，基部楔形，边缘反卷，全缘或具2—3对圆锯齿，先端短尾尖或钝，具细尖；中脉在上面突起，侧脉4—5对。花序腋生，短穗状，有时圆锥状分枝，

0. 5—1cm，具花 1—3 朵，花序轴具柔毛；苞片和小苞片宿存，较小，卵形至圆形。花萼边缘具缘毛，裂片半圆形至扁卵形。花冠白色，长 3—5mm，5 深裂。雄蕊 35—50 枚，五体。花盘具柔毛。核果狭椭圆形，成熟时紫色，(1—1. 5) cm×约 0. 6cm，先端具直立或开展的宿存花萼裂片，子房 3 室，全部发育，等大，核表面极平滑，裂成 3 分核，内果皮骨质，质薄。花期 8—10 月，果期 6 月—次年 8 月。

中国特有，产台湾（屏东、台东），生于常绿林中（图 7. 5）。

标本引证：

CHINA（**中国**）. **Taiwan**（**台湾地区**）. **Pingtung**（**屏东**）：Lanjenchi，S. C. Wu & C. Y. Wang 1381（HAST），C. M. Wang & C. C. Wang 01233（HAST）；Kenting Park，S. M. Liu，W. P. Leu，W. H. Hu，H. F. Yen & C. P. Lu 240，271（HAST）；Manchou Hsiang，S. T. Chiu & H. Y. Lin 04069（PE）；Mt. Nanjen，C. H. Tsou Tsou-325（HAST，PE），M. C. Ho s. n.（TAIF），Robert F. Thorne 62735（PE），R. T. Li 3143，3263（TAI），S. Y. Lv 3130，4543，4542，4541（TAIF），S. K. Chuang 489（HAST），S. Z. Yang 20140（HAST），T. C. Huang 8945（TAI），Y. B. Chen 1021（TAI），Y. C. Ho s. n.（TAIF），Y. F. Chen 1763（TAI）；Shizi Hsiang，Shuangliu，S. M. Ku 1765（HAST）；Shizi Hsiang，Shouka 58-59，P. F. Lv 12818（HAST）. **Taitung**（**台东**）：Dawu，C. C. Wang 302（NCUF）；Shauka，C. C. Wang 318（NCUF）；Mt. Taihe，Daren Township，C. C. Wang s. n.（PE）；Tajen Hsiang，along Hsien Road. #199，T. Y. Liu 1081（HAST）.

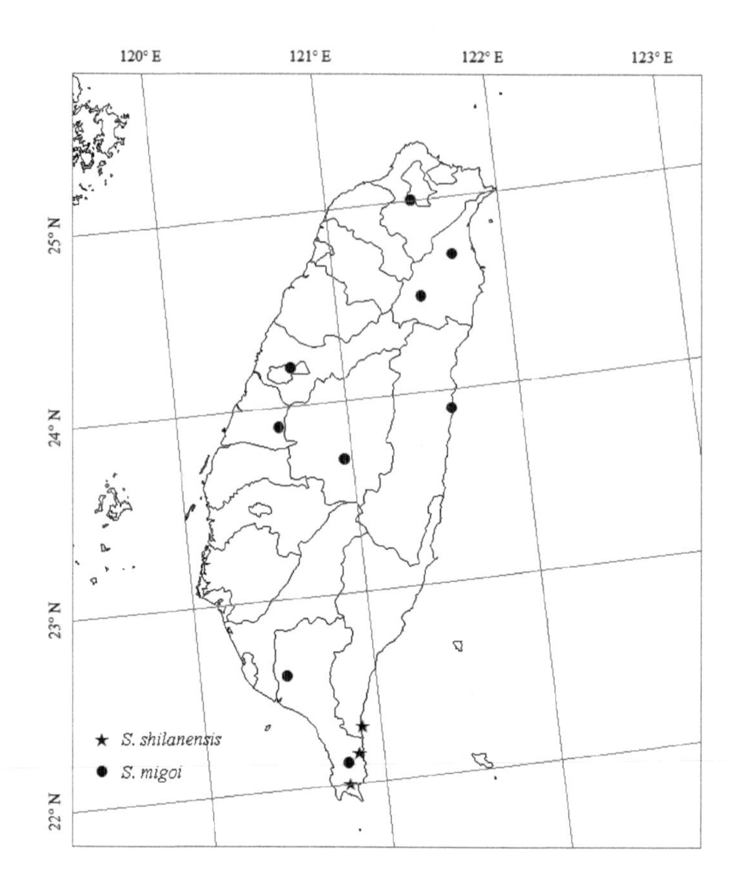

图 7.5　拟日本灰木（*S. migoi*）和希兰灰木（*S. shilanensis*）地理分布

Figure 7.5　Distribution Map of *S. migoi* and *S. shilanensis*

9. 中原氏山矾。

Symplocos nakaharae (Hayata) Masam. in Trans. Nat. Hist. Formosa 30: 62. 1940, ut ' nakaharai ' . —*S. japonica* A. DC. var. *nakaharae* Hayata in Icon. Pl. Formosan. 5: 103. 1915, ut' nakaharai' . —*S. lucida* (Thunb.) Siebold & Zucc. var. *nakaharae* (Hayata) Makino & Nemoto in Fl. Japan. , ed. 2 (Makino & Nemoto): 373. 1925, ut' nakaharai' . —*Bobua japonica* (A. DC.) Miers var. *nakaharae* (Hayata) Sasaki in Cat. Govt. Herb. : 407. 1930, ut ' nakaharai'. —*Dicalix lucida* (Thunb.) Hara var. *nakaharae* (Hayata) Hara in Enum. Spermatophytarum Japon. 1: 106. 1948, ut 'nakaharai'. Type: Japan. Ryukyus: Mt. Nago-take. Okinawa Is., G. Nakahara s. n. (holotype: TI! photo).

Symplocos lucida (Thunb.) Siebold et Zucc. in Fl. Jap. (Siebold) 1: 55, t. 24. 1838, non Wall. ex G. Don. 1837, excl. syn. *Myrtus laevis* Thunb. —*Laurus lucida* Thunb. in Syst. Veg., ed. 14 (J. A. Murray). 384. May - June 1784; Fl. Jap. (Thunberg) 174 (non Laurinea). Aug. 1784. —*Hopea lucida* (Thunb.) Thunb. in Ic. Jap. t. 14. 1800. —*Dicalix lucida* (Thunb.) H. Hara in Enum. Spermatophytarum Japon. 1: 105. 1948. —*Symplocos japonica* A. DC. in Prodr. (A. P. de Candolle) 8: 255. 1844, excl. syn. *Myrtus laevis* Thunb. —*Bobua japonica* (A. DC.) Miers in J. Linn. Soc., Bot. 17: 306. 1879, excl. syn. *Myrtus laevis* Thunb. —*Bobua lucida* (Siebold & Zucc.) Kaneh. & Sasaki in List Pl. Formos. 331. 1928, non Miers. 1879. —*Symplocos kuroki* Nagam. in Contrib. Biol. Lab. Kyoto Univ. 28 (2): 240. 1993. syn. nov. Type: Japan, Thunberg s. n. (holotype: UPS, microfiche! photo).

常绿乔木或灌木。小枝灰色或深棕色，圆柱形或具脊，无毛。叶柄长8—15mm；叶革质，椭圆形、狭椭圆形、倒卵形或狭倒卵形，4—7×2—3.5cm，两面无毛，基部楔形，边缘反卷，全缘或具腺齿，先端长尾尖状；中脉在上面突起，侧脉5—9对。花序呈基部分枝的穗状，长1cm，具3—8朵花；苞片宽卵形至扁卵形；小苞片2枚，扁卵形至肾形，均宿存，外面疏被柔毛和缘毛。花萼无毛或具柔毛，边缘具缘毛；裂片宽卵形至卵形。花冠白色，长4—5mm，5深裂。雄蕊25—40枚，五体。花盘具短柔毛。核果椭圆形，蓝黑色，0.9—1.3×0.6—0.9cm，先端具起立或开展的宿存萼片，2室，均发育良好，核表面极平滑，分为两分核，内果皮木质。

日本特有，产本州、四国和九州，生于暖温带常绿林中。花期 12 月—翌年 4 月，果期 8—11 月（图 7.6）。

注：

S. nakaharae s. str. 是仅有的 1 个子房 2 室的种，因此，毫无疑问的是它应当被给予种的地位。而 *S. migoi* 在形态上很像 *S. nakaharae* s. str.，但是其子房 3 室且有更多雄蕊。

Nagamasu（1993）把 *S. nakaharae* 作为 *S. kuroki* 的近缘种分出，因其小苞片长 1.5—2mm（*S. kuroki* 小苞片长 3.5—4mm），果实较小，长 6—10mm（*S. kuroki* 果实长 9—13mm）；笔者观察了许多两个种的标本，发现以此来区分两个种理由不充分，性状有过渡，因此 *S. kuroki* 应该是 *S. nakaharae* 的一个异名。

标本引证：

JAPAN（日本）. Hondo: Prov. Nagato, Pref. Yamaguchi, Miyoshi Furuse 10085（PE）; Kyushu: Prov. Ohsumi, Pref. Kagoshima, Miyoshi Furuse 10463（PE）; Pref. Kagoshima, S. Kitamura & G. Murata 2820（KYOTO）; Akakuebana, Pref. Kagosima, 1968-3-8, S. Kitamura & G. Murata 2925（KYOTO）; Prov. Ohsumi, Pref. Kagoshima, Miyoshi Furuse 12019（PE）; Pref. Hiroshima, anomnoys, s. n.（KYOTO）; Prov. Satsuma, Pref. Kagoshima, Miyoshi Furuse 10300（PE）; Prov. Satsuma, Pref. Kagoshima, Miyoshi Furuse 42705, 42706（PE）; Prov. Satsuma, Pref. Kagoshima, Miyoshi Furuse 39914（PE）; Prov. Satsuma, Pref. Kagoshima, Miyoshi Furuse 8106（PE）; Prov. Ohsumi, Pref. Kagoshima, Miyoshi Furuse 13235（PE）; Kogushi to Kawatana, Pref. Yamaguchi, N. Kurosake 8994（KYOTO）; Shikoku:

Pref. Kochi, Ouchicho, Hatagun, G. Murata 17978 (KYOTO); Kamiyaku-cho, T. Yahara, J. Murata & H. Ohba 9029 (PE); Kochi, Y. Hurata 17978 (PE); Oshika, J. Murata, M. Kata & D. Parnaed 17723 (PE).

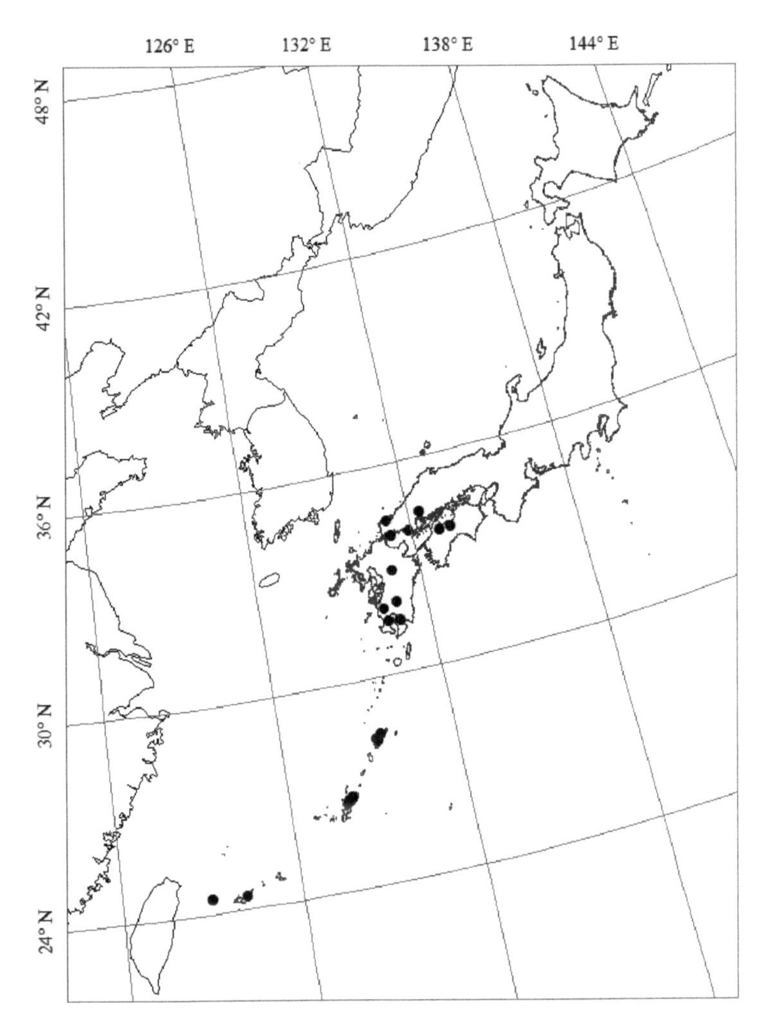

图 7.6　中原氏山矾（*S. nakaharae*）地理分布

Figure 7.6　Distribution Map of *S. nakaharae*

10. 细枝山矾。

Symplocos pergracilis (Nakai) T. Yamaz. in Journ. Jap. Bot. 44：366. 1969. —*Bobua pergracilis* Nakai in Rigakkai 26 (5)：p. 7, No. 258. 1928, nom. nud.；et in Bot. Mag. Tokyo. 44：24. 1930. descr. —*Dicalix pergracilis* (Nakai) H. Hara in Enum. Spermatophytarum Japon. 1：106. 1948. Type：Japan. Bonin：Chichijima Is., H. Toyoshima s. n. (holotype：TI! photo).

常绿小乔木。小枝绿色或棕色，之字形，无毛，圆柱形，常带紫色。叶柄长 7—15mm，具狭翅，常带紫色；叶革质，倒卵形至狭倒卵形，(3—6) cm×(1—2. 5) cm，两面无毛，基部楔形，边缘反卷，全缘或稍具腺齿，顶端锐、钝或圆；中脉在上面突起，侧脉 6—8 对。花序腋生，为一缩短的穗状，极少基部分支，长至 5mm，具 1 (—2) 朵花，花序轴具柔毛，花序轴具数个宿存不育苞片；苞片和小苞片宿存。花萼边缘具缘毛，裂片半圆形至肾形。花冠白色，长 6—7mm，深 5 裂。雄蕊 100—120 枚，五体。花盘具柔毛。核果狭倒卵形或狭椭圆形，(1. 8—2. 5) cm×(0. 7—1. 2) cm，顶端具直立或开展的花萼裂片，3 室，全等大发育，果核表面极平滑，不分裂，形成一个核，内果皮厚木质。花期 11 月—次年 2 月，果期 7—12 月。

日本特有，产小笠原群岛父岛，生于亚热带常绿林中（图 7. 7）。

注：

Nooteboom (1975, 2005) 认为 *S. pergracilis* 与 *S. boninensis* 是同一种。但是根据其之字形的小枝，倒卵形或狭倒卵形的叶子，锐尖的叶先端，果实横切面圆形可以区别，先端直立或开展的宿存萼裂片有别于小笠原山矾非之字形的小枝，椭圆形的叶，叶先端钝至圆形，果实横切面三角形，先端具宿存内曲的萼片。

标本引证：

JAPAN（日本）. Bonin. Chichijima Is.：Chuoosan-higashidaira, Yoshikazu Shimizu 77-132（TI）；Higashidaira, H. Hara T51（TI）；Mt. Chuoo-san, G. Murata, H. Tabata, K. Tscuchiya & K. Takada 251（KYO）；Mt. Hatsune, Y. Momiyama, S. Kobayashi & M. Ono 126134（KYO）；Mt. Yoake, Y. Momiyama, S. Kobayashi & M. Ono 125983（KYO）；Precise location unknown, F. Miyoshi 7859, 11306（PE）, T. Yamazaki & K. Enomoto 137（KYO）.

11. 小笠原山矾。

Symplocos boninensis Rehder & E. H. Wilson. J. Arnold Arbor. 1：119. 1919. —*Dicalix boninensis*（Rehder & E. H. Wilson）H. Hara in Enum. Spermatophytarum Japon. 1：104. 1948. Type：Japan. Bonin：Mukojima Is., 50-100m, 1917-04-28, E. H. Wilson 8336（holotype：A! photo; isotypes：BM! photo, E! photo, K! photo）.

常绿小乔木或灌木。小枝绿色，无毛，圆柱形。叶柄长8—30mm，具狭翼，常带紫色；叶片革质，椭圆形，(6—9)cm×(2.5—5)cm，两面无毛，基部楔形，边缘内卷，全缘或稍具腺齿，先端钝至圆；中脉明显突出，侧脉5—8对。花序腋生，为短穗状，基部分枝，长至1cm，具1—3朵花，叶脉具许多宿存不育的苞片；苞片和小苞片宿存，宽卵形，常无毛。花萼边缘具缘毛，裂片圆形。花冠白色，长5—6mm，5深裂，雄蕊60—100枚，五体。花盘具短柔毛。核果倒卵形至狭倒卵形，稍三棱锥状，(2—2.5)cm×(1—1.3)cm，先端具内曲宿存花萼裂片，子房3室，所有室均发育且可育，常不等大，横切面三角形，核表面平滑，不分裂，形成一个单核，中果皮木质，内果皮厚木质。花期10—12月，果期7—8月。

日本特有，产小笠原群岛，生于海拔 50—100m 的亚热带常绿林中（图 7.7）。

标本引证：

JAPAN（日本）. Bonin Isls.: Kihara H. s. n.（KYOTO）; Hideo Tabata et Yoshikazu Shimizu 79 - 51, 79 - 55（KYOTO）; M. Ito, A. Sojima, Ch. Endo & H. Nagamasu 25787（KYOTO）; G. Murata, H. Tabata, K. Tsuchiya & K. Takada 646（KYOTO）.

12. 川上山矾。

Symplocos kawakamii Hayata in Icon. Pl. Formosan. 5: 104. 1915. —*Bobua kawakamii* (Hayata) Nakai in Rigakkai. 26(5): p. 7, No. 257. 1928. nom. nud.; et in Bot. Mag. Tokyo. 44: 24. 1930. —*Dicalix kawakamii* (Hayata) Hara in Enum. Spermatophytarum Japon. 1: 104. 1948. Type: Japan. Bonin: Chichijima Is., T. Kawakami s. n. (holotype: TI! photo).

Symplocos otomoi Rehder & E. H. Wilson in J. Arnold Arbor. 1: 119. 1919. Type: Japan. Bonin: Chichijima Is., 1917, H. Otomo s. n. (A! photo).

常绿灌木。小枝绿色，无毛，明显具脊。叶柄具翅，长 2—8mm；叶革质，倒卵形，椭圆形或卵形，(2—5) cm×(0.7—2) cm，两面无毛，基部楔形，边缘明显反卷，全缘，顶端浅凹或圆；中脉在上面近基部突起，侧脉 5—7 对，上面突起，具网脉（上面具乳突）。花序为腋生穗状，于近基部分枝，0.5—2.5cm，每一花序具 3—10 朵花，花序轴具脊和柔毛；苞片宿存，狭卵形至卵形，小苞片 2 枚，宿存，卵形至三角形。花萼边缘具缘毛，裂片卵形。花冠白色，长约 7mm，深 5 裂。雄蕊 70—90 枚，五体。花盘具柔毛及 5 腺点。核果球形或倒卵形，(1.4—2) cm×(1—1.2) cm，宿存花萼裂片形成一个钝喙，子房 3 室，所有室均发育，等大，核表面稍具条纹，深裂，形成一个深裂的核，内果皮纸质。花期 11 月，果期5—10月。

产日本，小笠原群岛（父岛），生于海拔180—210m的亚热带干燥灌丛中（图7.7）。

注：

S. kawakamii 有明显具脊的小枝，虽然有些像棱角山矾（*S. tetragona*）；但是 *S. kawakamii* 叶子较小，仅（2—5）cm×(0.7—2.2) cm，且边缘明显反卷，侧脉和网脉在上面均突起，而 *S. tetragona* 叶稍大：(12—20) cm×(4—8) cm，边缘平，侧脉和网脉在上面均凹陷，另外，两个种在地理分布上也完全不重合。

标本引证：

JAPAN(日本). Bonin Isls.: Chichijima, Mt. Hatsune, Y. Momiyama, M. Ono & S. Kobayashi 126315 (KYOTO); Chichijima, Hatsune, G. Murata, H. Tabata, K. Tsuchiya & K. Takada 82 (KYOTO); Chichijima, Hatsuneura - yuhodo, Yoshikazu Shimizu 77 - 47 (KYOTO); Chichijima, Hatsuneura, G. Murata, H. Tabata, K. Tsuchiya & K. Takada 110 (KYOTO); Takasi Yamazaki 34892(PE); Miyoshi Furuse 7544 (PE).

13. 田中山矾。

Symplocos tanakae Matsum. in Bot. Mag. (Tokyo) 15: 79. 1901. — *Bobua tanakae* (Matsumura) Masam. in Prelim. Rep. Veg. Yakus. 110. 1929. — *Dicalix tanakae* (Matsumura) Hara in Enum. Spermatophytarum Japon. 1: 107. 1948. Type: Japan. Tanegashima in S. Tanaka 436 (holotype: TI! photo).

Symplocos zentaroana Makino ex Yanagida in J. Jap. Forestry Soc. 20(3): 115, No. 532, Figure 531. 1938. nom. nud., descr. in jap.

常绿乔木。小枝绿色，无毛，圆柱形。叶柄具狭翅，长1—2.5cm；叶革质，狭倒卵形至狭长圆状椭圆形，(7—13) cm×(2—3.5) cm，两面无毛，基部楔形，边缘反卷，具腺锯齿，常在下半部全缘，先端钝、锐或具短渐尖，中脉在上面突起，侧脉8—14对。花序腋生，呈缩短的穗状，长至1cm，具5—8朵花，花序轴具柔毛；苞片宿存，圆形至宽卵形，边缘具缘毛；小苞片2枚，宿存，椭圆形至卵形。花萼边缘具缘毛，宽卵形至椭圆形。花冠白色，长6—7.5mm，深5裂，裂片椭圆形。雄蕊五体，60—75枚。花盘具柔毛，具5腺体。核果3室，球形至椭圆形，无毛，(2—2.5)cm×(1—1.3)cm，先端具内折的宿存的花萼，3室均完好发育，核三棱柱状，具浅纵沟，半裂，形成一个深裂的核，内果皮纸质。花期10月—次年1月，果期9—12月。

日本特有，产四国、九州，生于海拔100—500m的暖温带常绿林中(图7.7)。

注：

此种花相当大，长6—7.5mm，而其他复合体中的种均仅长3—6mm，其叶为狭披针形，(7—13)cm×(2—3.5)cm，长宽比>2.5，其他种均<2，在日本原产的种中，其果实亦为最大，大小为（2—2.5)cm×（1—1.3）cm。

标本引证：

JAPAN(日本). Kyushu: Prov. Ohsumi, Pref. Kagoshima, Miyoshi Furuse 10590, 10860, 12196, 12314, 12915 (PE); Isls. Yaku, Pref. Kumage-gun, S. Amino, M. Okonogi et al. 260 (KYOTO); Isls. Yakushima, Prov. Ohsumi, S. Sako 6484 (KYOTO); Shikoku: Sugio-jinja shrine, Pref. Tokushima, H. Nagamasu & A. Soejima 4589(KYOTO).

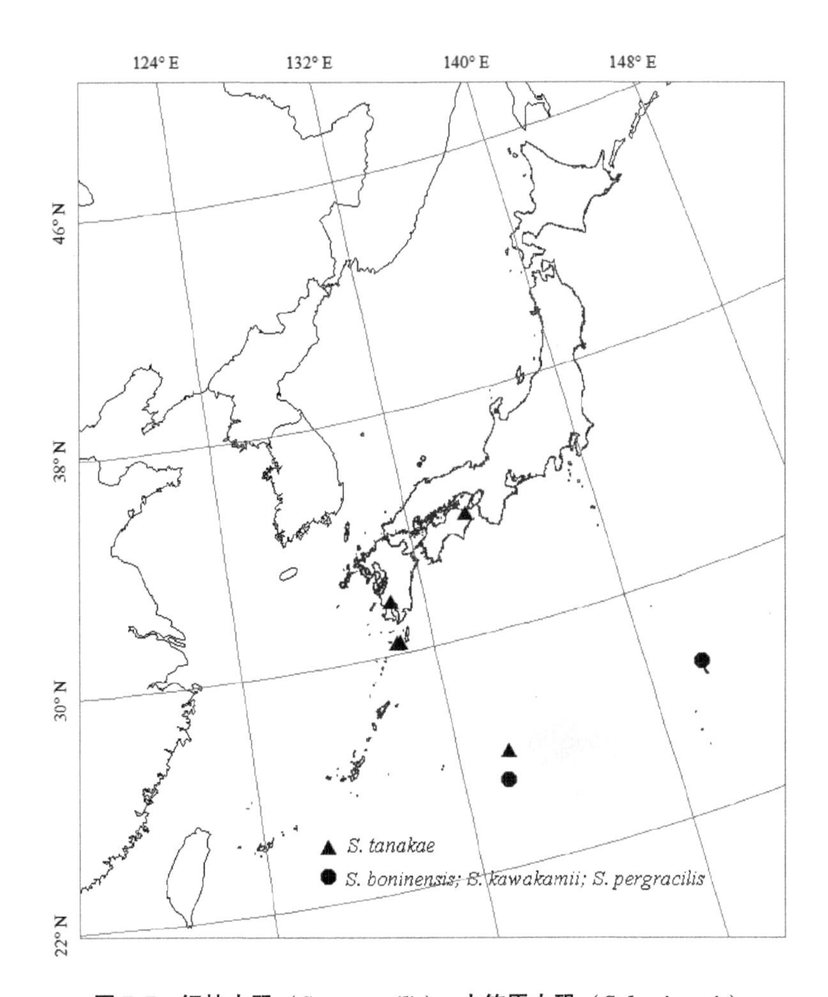

图7.7　细枝山矾（*S. pergracilis*）、小笠原山矾（*S. boninensis*）、川上山矾（*S. kawakamii*）和田中山矾（*S. tanakae*）地理分布

Figure 7.7　Distribution Map of *S. pergracilis*, *S. boninensis*, *S. kawakamii* and *S. tanakae*

参考文献

[1] ORYX. 2004 IUCN red list of threatened species: a global species assessment[M]. Cambridge: Cambridge University Press, 2004.

[2] BARANOVA M. Principles of comparative stomatographic studies of flowering plants[J]. Botanical Review, 1992, 58(1): 49-99.

[3] BARTH O M. Pollen morphology of Brazilian *Symplocos* species (Symplocaceae)[J]. Grana, 1979, 18(2): 99-107.

[4] BARTH O M. The sporoderm of Brazilian *Symplocos* species (Symplocaceae)[J]. Grana, 1982, 21(2): 65-69.

[5] BLACKMORE, STEPHEN. Pollen features and plant systematics[J]. Syst. Assoc. Spec., 25: 135-154.

[6] BORGMANN E. Anteil der Polyploiden in der Flora des Bismarckgebirges von Osteuguinea[J]. Zeitschr. f. Bot., 1964, 52: 118-172.

[7] BOVE C P. Pollen Morphology of the Bignoniaceae from a South Brazilian Atlantic Forest[J]. Grana, 1993, 32: 330-337.

[8] BRAND A. Symplocaceae [M]//ENGLER A. ed. Das Pflanzenreich (Engler). Leipzig: Verlag Von Wilhelm Engelmann, 1901: 1-100.

[9] CARLQUIST S. Wood Anatomy of Onagraceae, with Notes on Alternative Modes of Photosynthate Movement in Dicotyledon Woods[J]. Annals of the Mis-

souri Botanical Garden, 1975, 62(2): 386-424.

[10] CARLQUIST S. Comparative wood anatomy[M]. Berlin: Springer, 2001.

[11] CARLQUIST S. Wood Anatomy of Sympetalous Dicotyledon Families: a Summary, with Comments on Systematic Relationships and Evolution of the Woody Habit[J]. Annals of the Missouri Botanical Garden, 1992, 79(2): 303-332.

[12] CHASE M W, SOLTIS D E, OLMSTEAD R G, MORGAN D, LES D H, MISHLER B D, DUVALL M R, PRICE R A, HILLS H G, QIU Y L. Phylogenetics of seed plants: an analysis of nucleotide sequences from the plastid gene *rbc*L[J]. Annals of the Missouri Botanical Garden, 1993, 80(3): 528-548+550-580.

[13] DILCHER D L. Approaches to the identification of angiosperm leaf remains[J]. The Botanical Review, 1974, 40(1): 1-157.

[14] DING S S, SUN K, SU X, DONG L N, ZHANG A M. Characters of Leaf Epidermis and Their Taxonomic Significance in Cotoneaster Medikus[J]. Bulletin of Botanical Research, 2008, 28(2): 187-194.

[15] ELDER J F, Jr., TURNER B J. Concerted evolution of repetitive DNA sequences in eukaryotes[J]. Quarterly Review of Biology, 1995, 70(3): 297-320.

[16] ERDTMAN G. Pollen morphology and plant taxonomy [M]//Angiosperms (an introduction to palynology). Stockholm: Almqvist & Miksell, 1953.

[17] FRITSCH P W, CRUZ B C, ALMEDA F, WANG Y G, SHI S H. Phylogeny of *Symplocos* based on DNA sequences of the chloroplast *trn*C-*trn*D intergenic region[J]. Systematic Botany, 2006, 31(1): 181-192.

[18] FRITSCH P W, KELLY L M, WANG Y, ALMEDA F, KRIEBEL R. Revised infrafamilial classification of Symplocaceae based on phylogenetic data from DNA sequences and morphology[J]. Taxon, 2008, 57(3): 823-852.

[19] GAO X F. Symplocaceae[M]//WU C Y ed. Flora Yunnanica (Tomus 6). Beijing: Science Press, 2006.

[20] HAMILTON M B. Four primer pairs for the amplification of chloroplast intergenic regions with intraspecific variation[J]. Molecular Ecology, 1999, 8(3): 521-523.

[21] HANDEL-MAZZETTI H, PETER-STIBAL E. Eine Revision der Chinesischen Arten Der Gattung *Symplocos* Jacq. [J]. Beihefte zum Botanischen Centralblatt, 1943, 62-B: 42.

[22] HARDIN J W. An analysis of variation in *Symplocos tinctoria*[J]. Journal of the Elisha Mitchell Scientific Society, 1966, 82: 6-12.

[23] HEYWOOD V H, MOORE D M. Current concepts in plant taxonomy [M]. Cambrige: Academic Press.

[24] HICKEY L J. Classification of the architecture of dicotyledonous leaves [J]. American Journal of Botany, 1973, 60(1): 17-33.

[25] HOLMGREN P K, HOLMGREN N H. Index Herbariorum: a global directory of public herbaria and associate staff[EB/OL]. http://sweetgum.nybg.org/ih/.

[26] HUELSENBECK J P, RONQUIST F. MRBAYES: Bayesian inference of phylogenetic trees[J]. Bioinformatics, 2001, 17(8): 754-755.

[27] LI H L. Critical Notes on the Genus *Symplocos* in Formosa[J]. Journ. Wash. Acad, 1953, 43: 43-46.

[28] MAI D H, MARTINETTO E. A reconsideration of the diversity of *Symplocos* in the European Neogene on the basis of fruit morphology[J]. Review of Palaeobotany and Palynology, 2006, 140(1-2): 1-26.

[29] METCALF C R, RICHTER H G. Anatomy of the Dicotyledons 2[M]. London: Oxford University Press, 1950.

[30] MOODY M L, SOLTIS D E, SOLTIS P S. Relationships within Cornales and circumscription of Cornaceae-*mat*K and *rbc*L sequence data and effects of outgroups and long branches[J]. Molecular Phylogenetics and Evolution, 2002, 24(1):

35-57.

[31] MORGAN D R, SOLTIS D E, ROBERTSON K R. Systematic and evolutionary implications of *rbc*L sequence variation in Rosaceae[J]. American Journal of Botany, 1994, 81: 890-903.

[32] NAGAMASU H. Notes on *Symplocos lucida* and related species in Japan[J]. Acta Phytotaxonomica et Geobotanica, 1987, 38: 283-291.

[33] NAGAMASU H. Pollen morphology of Japanese *Symplocos* (Symplocaceae)[J]. Botanical Magazine, 1989, 102(2): 149-164.

[34] NAGAMASU H. The Symplocaceae of Japan[D]. Kyoto: Kyoto University.

[35] NAGAMASU H. Symplocaceae[M]//*Flora of Taiwan* Editorial Committee ed. Flora of Taiwan Vol. 4. Taipei: Editorial Vommiittee of the *Flora of Taiwan*, 1998.

[36] NAGAMASU H. Symplocaceae [M]//IWATSUKI K, YAMAZAKI T, BOUFFORD D E, OHBA H eds. Flora of Japan vol. Ⅲa. Tokyo: Kodansha Ltd, 2006.

[37] NAGAMASU H, HIDETOSHI. Pollen Morphology and Relationship of *Symplocos tinctoria* (L.) L'Hér. (Symplocaceae)[J]. Botanical Gazette, 1989, 150(3): 314-318.

[38] NOOTEBOOM H. How to deal with complex species with two examples from east Asian *Symplocos*: Floristic characteristics and diversity of East Asian plants: proceedings of the first international symposium of floristic characteristics and diversity of East Asian plants[M]. Berlin: Springer Verlag, Beijing: China Higher Education Press, 1998.

[39] ZEPERNICK R B B. Revision of the Symplocaceae of the Old World, New Caledonia Excepted by H. P. Nooteboom [M]. Willdenowia: Universitaire Pers Leiden, 1975.

[40] NOOTEBOOM H P. *Symplocos*. [M]//LI HL et al. ed. Flora of Taiwan

vol. 4. Taipei: Epoch Publishing Co. , Ltd, 1976.

[41] NOOTEBOOM H P. Symplocaceae. [M]//VAN STEENIS CGGJ ed. Flora Malesiana Series I: Spermatophyta. Flowering plants vol. 8, part 2. Leiden: Noordhoff International Publishers, 1977: 205-274.

[42] NOOTEBOOM H P. Additions to Symplocaceae of the Old World including New Caledonia[J]. Blumea, 2005, 50: 407-410.

[43] PARK S H, LEE J K, KIM J H. A Systematic Relationship of the Korean Symplocaceae Based on RAPD analysis[J]. Korean Journal of Plant Taxonomy, 2007, 37: 225-237.

[44] PREMATHILAKE R, NILSSON S. Pollen morphology of endemic species of the Horton Plains National Park, Sri Lanka[J]. Grana, 2001, 40: 256-279.

[45] QIU Y L, CHASE M W, HOOT S B, CONTI E. Phylogenetics of the Hamamelidae and their allies: Parsimony analyses of nucleotide sequences of the plastid gene *rbc*L[J]. International Journal of Plant Sciences, 1998, 159: 891-905.

[46] ROGERS S, BENDICH A. Extraction of DNA from plant tissues[M]// Plant Molecular Biology Manual, 1989: 1-10.

[47] RONQUIST F, HUELSENBECK J P. MrBayes 3: Bayesian phylogenetic inference under mixed models[J]. Bioinformatics, 2003, 19: 1572-1574.

[48] SANG T, XU B S. A review of current theories and methods in cladistic and a cladistic study of twelve Lindera species in eastern China[J]. Acta Phytotaxonomica Sinica, 1996, 34: 12-28.

[49] SAVOLAINEN V, FAY M F, ALBACH D C, BACKLUND A, VAN DER BANK M, CAMERON K M, JOHNSON S A, LLEDÓ M D, PINTAUD J C, POWELL M. Phylogeny of the eudicots: a nearly complete familial analysis based on rbcL gene sequences[J]. Kew Bulletin, 2000, 55: 257-309.

[50] MCCABE G P, SNEATH P H A, SOKAL R R. Numerical taxonomy:

The Principles and Practice of Numerical Classification[J]. Journal of the American Statistical Association, 1975, 70(352): 962.

[51] SOEJIMA A, NAGAMASU H. Phylogenetic analysis of Asian *Symplocos* (Symplocaceae) based on nuclear and chloroplast DNA sequences[J]. Journal of Plant Research, 2004, 117: 199–207.

[52] SOEJIMA A, NAGAMASU H, ITO M, ONO M. Allozyme diversity and the evolution of *Symplocos* (Symplocaceae) on the Bonin (Ogasawara) Islands[J]. Journal of Plant Research, 1994, 107: 221–227.

[53] STACE C A. Cuticular studies as an aid to plant taxonomy[J]. Bull. Brit. Mus. (Nat. Hist.) Bot., 1965, 4: 3–78.

[54] STACE C A. The use of epidermal characters in phylogenetic considerations[J]. New Phytologist, 1966, 65: 304–318.

[55] STACE C A. Plant Taxonomy and Biosystematics[M]. Cambrige: Cambridge University Press, 1980.

[56] SWOFFORD D L. PAUP: Phylogenetic analysis using parsimony[M]// Encyclopedia of Genetics, Genomics, Proteomics and Informatics. Dordrecht: Springer, 2008.

[57] TABERLET P, GIELLY L, PAUTOU G, BOUVET J. Universal primers for amplification of three non-coding regions of chloroplast DNA[J]. Plant molecular biology, 1991, 17: 1105–1109.

[58] THUNBERG C P. Flora Japonica Sistens Plantas Insularum Japonicarum[J]. Taxon, 1975, 24(5/6): 687.

[59] VAN DER OEVER L, BAAS P, ZANDEE M. Comparative wood anatomy of *Symplocos* and latitude and altitude of provenance[J]. international association of wood anatomy bulletin(NS), 1981, 2: 3–24.

[60] VAN DER MEIJDEN R. A survey of the pollen morphology of Indo–Pacif-

ic species of *Symplocos* (Symplocaceae)[J]. Pollen and Spores, 1970, 12: 513–551.

[61] WANG C C. A Taxonomic Study of the Symplocaceae of Taiwan[D]. Taichung: Chung Hsing University, 2000.

[62] WANG C C, OU C H. The Symplocaceae of Taiwan[J]. Quarterly Journal of Forest Research, 1999, 21: 37–60.

[63] WANG C C, OU C H. Study on the pollen morphology of *Symplocos* (Symplocaceae) from Taiwan[J]. Quarterly Journal of Forest Research, 2000, 22(2): 21–36.

[64] WANG C C, OU C H. Wood Anatomy of the Symplocaceae of Taiwan [J]. Quarterly Journal of Chinese Forestry, 2003, 25: 65–86.

[65] WANG Y G, FRITSCH P W, SHI S, ALMEDA F, CRUZ B C, KELLY L M. Phylogeny and infrageneric classification of *Symplocos* (Symplocaceae) inferred from DNA sequence data[J]. American Journal of Botany, 2004, 91: 1901–1914.

[66] WELKIE G W, CALDWELL M M. Leaf Anatomy of Species in Some Dicotyledon Families as Related to C_3 and C_4 Pathways of Carbon Fixation[J]. Canadian Journal of Botany, 2011, 48: 2135–2146.

[67] WHITE T J, BRUNS T, LEE S, TAYLOR J. Amplification and direct sequencing of fungal ribosomal RNA genes for phylogenetics[M]//PCR protocols, A guide to methods and applications. San Diego: Academic Press, 1990.

[68] WILKINSON H P. The plant surface (mainly leaf)[M]//METCALFE CR, CHALK L. Anatomy of the dicotyledons. I. Oxford: Clarendon Press, 1980.

[69] WU R F. A preliminary study on *Symplocos* of China[J]. Acta Phytotaxonomica Sinica, 1986a, 24(3): 193–202.

[70] WU R F. A preliminary study on *Symplocos* of China (continue)[J]. Acta Phytotaxonomica Sinica, 1986b, 24(4): 275–291.

[71] WU R F. Symplocaceae[M]//WU RF, HUANG SM eds. Flora Reipublicae Popularis Sinicae Tomus. Beijing: Science Press, 1987.

[72] XIANG Q Y, SOLTIS D E, MORGAN D R, SOLTIS P S. Phylogenetic relationships of *Cornus* L. sensu lato and putative relatives inferred from *rbc*L sequence data[J]. Annals of the Missouri Botanical Garden, 1993, 80(3): 723-734.

[73] YAMAUCHI F. Anatomical studies of woods in Japanese species of *Palura* and *Dicalyx* (Symplocaceae)[J]. Bulletin of the National Science Museum (Tokyo), 1979, 5: 61-66.

[74] YANG Z R, LIN Q. Comparative wood anatomy of Schisandraceae and its systematic significance[J]. Acta Phytotaxonomica Sinica, 2007, 45(2): 191-206.

[75] YING S S. The Symplocaceae of Taiwan[J]. Bulletin of the Experimental Forest of Taiwan University, 1975, 116: 545-571.

[76] YING S S. Symplocaceae[D]. Taipei: Taiwan University, 1987.

[77] ZHAO Y, HE X J, DAI W Q, ZHANG Q Y, MA Y H. Cladistics of *Heracleum* in China[J]. Acta Botanica Boreali-occidentalia Sinica, 2004, 24: 286.

[78] ZHOU L H, FRISCH P W, BARTHOLOMEW B. The Symplocaceae of Gaoligong Shan[J]. Proceedings of the California Academy of Sciences, 2006, 57: 387-431.

[79]王伏雄．中国植物花粉形态[M].北京:科学出版社,1995.

[80]成俊卿,杨家驹,刘鹏．中国木材志[M].北京:中国林业出版社,1992.

[81]朱俊义,陆静梅,肖智．白檀茎次生木质部结构研究[J].植物研究,2006(5):563-564+576.

[82]秦卫华,汪恒英,周守标．植物叶表皮永久制片技术的改进[J].生物学杂志,2003(3):38-41.

[83]梁元微．中国山矾科植物花粉形态[J].中国科学院华南植物研究所集刊,1986(2):111-120.

[84]陈晓亚,胡成华,喻富根,阮嘉蓬．方竹属(竹亚科)叶片表皮微形态特征[J].植物分类学报,1993,31(3):227-235.

附　　录

山矾属植物传统利用价值的民族植物学研究

刘博[1,2,3]，饶淇[1]，罗志万[1]，安辉[2*]，卜楠龙[4]，刘东阳[1]，程红[1]

1. 中央民族大学生命与环境科学学院，北京 100081；2. 广西十万大山国家保护区，防城港 538000；3. 中国科学院植物研究所，北京 100081；4. 南海子湿地保护区，内蒙古 包头 014046

摘　要：为了寻找中国山矾属 77 种植物的传统用途和民间利用方法，并且判定具有潜在利用价值的山矾属植物物种，采用民族植物学的民间调查访谈法和证据标本采集和鉴定对山矾属植物民间用途进行收集整理，利用系统发育的方法从 GeneBank 寻找和预测具有潜在利用价值的山矾植物种类及分布区域。结果利用山矾属植物亲缘关系得到了具有潜在价值的物种并总结出山矾的应用价值，为今后山矾属植物应用的进一步研究开发提供一定的参考依据。

关键词：山矾属；民族植物学；传统用途；潜在物种

中图分类号：Q9

Traditional Value of *Symplocos* Plants by Ethnobotanical Studies

LIU Bo[1,2,3], RAO Qi[1], LUO Zhiwan[1], AN Hui[2*], BU Nanlong[4], LIU Dongyang[1], CHENG Hong[1]

1. Life and Environmental Science Department, Minzu University of China, Beijing 100081; 2. Beijing Institute of Botany, Chinese Academy of Sciences, Beijing, China, 100093; 3. Shiwandashan Mountain National Nature Reserve, Guangxi, China, 538000; 4. Nanhaizi Marsh Nature Reserve, Inner Mongolia, Baotou, 014046.

Abstract In order to search for traditional value and civil utilization methods of 77 *Symplocos* species in China and judge *Symplocos* species with potential use, firstly we used the ethnobotanical methods, such as interview survey, to collect datas and uses of *Symplocos*. Then we combine field data with phylogeny method to reach the systematic evolution position of *Symplocos* species, providing some reference for further research and application of *Symplocos* plants.

Key Words *Symplocos* Ethnobotany Traditional uses potencial species

前　言

山矾科（Symplocaceae）包括两个属：革瓣山矾属和山矾属（*Symplocos* Jacq.），后者大约有 318 个种，分为两个亚种 Subg. *Symplocos* 和 Subg. *Hopea*，广泛分布于亚洲、大洋洲和美洲等地的热带和亚热带地区。中国约有 77 种，广泛分布于长江以南各省。该属的多种植物据国内外相关报道和记录都具有较多的医药用途，如总状山矾（*S. botryantha*）的花和叶用于清热解毒、理气止痛；华山矾（*S. chinensis*）用于清热利湿、止血生肌；越南山矾（*S. cochinchinensis*）用于化痰止咳，此外很多品种还可作为绿化植物用于观赏，如棱角山矾（*Symplocos tetragona*）、绿枝山矾（*Symplocos viridissima*）等；部分品种的种子可以榨油用于制作肥皂和润滑剂，如宜章山矾（*Symplocos yizhangensis*）、南岭山矾（*Symplocos confusa*）等。

目前，对于国内 77 种山矾属植物的传统用途，相关的研究和记载还较少，山矾属植物的应用开发方面具有巨大的潜力。本文采用民族植物学研究方法，对我国境内 77 种山矾的民间传统用途进行归纳和汇总，并根据调研结果对每一种山矾的分布省份详细记录。由于山矾属不同种植物传统用途可能存在很多交叉或是还不为人们所采用，本文采用系统发育方法从 GeneBank 出发，利用种之间亲缘关系对山矾相关物种的用途做出预测。以期为更好地开发利用该属植物资源提供参考。

（一）研究地区及民族概况

1　地理位置

山矾科植物多分布于中国长江以南，位于东经 90°33′—122°25′，北纬 24°30′—35°45′，长江以南主要包括湖南、江西、浙江、福建、广东、贵州、云南、海南、西藏、台湾等省、自治区、直辖市，地处于中国西南、中南部地区，约占我国陆地总面积的 1/3，该部分地区以长江作为依托，大多位于我国第一级阶梯，具有肥沃的土地和优越的地理优势，滋养了数以万计的珍贵植物种群，具有多个我国天然植物宝库和自然保护区。

2　自然概况

在地貌上，由江源至河口，整个地势西高东低，形成三级巨大阶梯。第一阶梯由青海南部和四川西部高原和横断山区组成，一般高程在

3500—5000m。第二阶梯为云贵高原秦巴山地、四川盆地和鄂黔山地，一般高程在500—2000m。第三阶梯由淮阳山地、江南丘陵和长江中下游平原组成，一般高程在500m以下。流域内的地貌类型众多，有山地、丘陵、盆地、高原和平原。流经长江以南水系主要包括雅砻江，岷江、沱江、乌江、汉江、湘江等，水资源十分丰富。长江以南地区大多是温带季风气候和亚热带季风气候，年温差大，夏季高温多雨，冬季寒冷多雨，例如四川盆地气候较温和，冬季气温比中下游增加约5℃。昆明周围地区则是四季如春。在金沙江峡谷地区呈典型的立体气候，山顶白雪皑皑，山下四季如春。多数地区气候适宜植物生长。

3　植物资源和民族人口概况

长江以南地区得天独厚的自然条件，使之成为珍贵的植物宝库。云南有高等植物17000多种，占全国高等植物27000种的一半以上；四川盆地土地肥沃，植物资源有近万种，古老而特有种之多为我国其他地区所不及。在盆地边缘山地及盆东平行岭谷尚可见银杉、鹅掌楸、檫木、三尖杉、水青树、连香树、领春木、蜡梅、杜仲、红豆杉、钟萼木、福建柏、穗花杉、木瓜红等珍稀孑遗植物与特有种。许多植物物种被列入珍稀物种保护行列；湖南省植物种类多样，种群丰富，是我国植物资源较丰富的省份之一。主要树种有马尾松、杉、樟、栲、青山栎、枫香以及竹类，此外有银杏、水杉、珙桐、黄杉、杜仲、伯乐树等60多个珍贵树种。长江流域共有14个民族自治州，32个民族自治县，主要分布在长江上游，中游较少，下游没有。全流域50多个民族总人口约4亿人，其中汉族约占94.24%，少数民族约占5.76%。长江流域少数民族中，人口在10万人以上的民族依次为：土家族、苗族、彝族、侗族、藏族、回族、布依族、白族、瑶族、仡佬族、纳西族、傈僳族、羌族13个民族，人口在10万人以下的民族依次为：蒙古族、怒族、满族、壮族、傣族、水族、普米族。丰富的植物资源和多民族常住居民构成了一幅人与自然和谐共处的图景。

我国境内 77 种山矾属植物具有多种民间传统用途，具有巨大的利用价值。但是，由于各种条件的限制，现阶段对山矾属植物的应用研究还较少，多种植物的传统用途尚不明确，并且某些亲缘关系较近的植物可能存在相近或相似的用途尚待开发。系统发育学研究生物之间的进化关系，对于揭示生物之间的亲缘关系具有重大的作用。因此，应利用系统发育学构建系统发育树，对山矾属植物的亲缘关系做进一步归纳，寻找某些具有潜在利用价值的植物。

（二）研究方法

1 文献研究

通过查阅《中国植物志》和《中国植物图鉴》等相关文献，确定了我国境内 77 种山矾属植物名称以及对应标本图志，便于野外调查时识别和鉴定，并根据相关记载确定山矾属分布的大致地理区域及其自然环境、植物区系。

2 半结构访谈

在调查活动展开之前，事先准备了一些关于山矾属生境、分布、用途等方面的问题，并列出提纲，在访谈过程中不受提纲的限制，根据谈话的实际情况提出或引向新的问题并获得一定的结果。

3 参与式调查

在调查活动中，通过参与当地人的生产劳动或是日常劳作，与一些经验丰富的当地居民亲密交谈或言传身教地学习，了解并记录他们对野生植物的利用方式。根据文献记载和植物志中标本图案以及当地民众的描述，我们邀请当地经验丰富的人做向导到野外采集证据标本并辨认和介绍其传统用途，并做详细记录。在山矾的常见分布区采集相关植物标本，通过压制，保存记入调查档案，在反复确认植物学名准确鉴定后，最后标记，并记录采集地点。

4　定量研究

利用 Excel 对数据进行分析和处理，探究当地人对植物利用程度的大小。植物利用频度计算公式：

$$f=N_m/N_i$$

其中f为某种山矾属植物的利用频度，N_m 为植物利用数或是提到某植物的信息提供者的人数，N_i 为访谈接触的总人数或是访谈中提及的所有植物总数，f的大小反映人们对植物利用显著程度的大小。

5　系统与进化研究

本次研究针对我国境内山矾属植物进行，由于研究种类相对较少、研究区域相对较小，选取了一种基因作为研究基因。核基因组包含着生物进化与变异的绝大部分生物信息，但用于系统发育学研究的基因大多数来源于核糖体 DNA，ITS 基因长度在相近物种之间差异较小，利用 ITS 基因做标记在系统发育学和分类研究中已经得到广泛的运用，故选取了山矾植物核糖体 DNA ITS 基因。在 GeneBank 中查询目前传统用途比较清楚的和尚不明确的一些山矾属植物的 DNA 序列，研究山矾属植物的种名，基因序列号以及分布地如表 1 所示：

表 1　部分山矾属植物 ITS 基因序列号及分布

中文种名	拉丁名	ITS 基因序列号	分布地
单花山矾	*S. ovatilobata*	AY336303	海南
丛花山矾	*S. poilanei*	AY336335	海南
南国山矾	*S. austrosinensis*	AY336336	湖南
南岭山矾	*S. confusa*	AY336261	海南
宿胞山矾	*S. persistens*	AY336310	云南

续表

中文种名	拉丁名	ITS 基因序列号	分布地
山矾	*S. sumuntia*	AY336321	海南
柔毛山矾	*S. pilosa*	AY336334	云南
白檀	*S. paniculata*	AY336263	浙江
华山矾	*S. chinensis*	AY336264	浙江
羊舌树	*S. glauca*	AY336327	广东
铜绿山矾	*S. aenea*	AY336306	云南
光叶山矾	*S. stellaris*	AY336315	海南
棱角山矾	*S. tetragona*	AY336297	浙江
四川山矾	*S. setchuensis*	AY336294	浙江
铁山矾	*S. pseudobarberina*	AY336319	广西

利用表 1 中 ITS 基因序列号，在 GeneBank 中查询植物基因碱基序列，导出 fasta 格式文件后全部放于一个文件夹中存储。利用 MEGA5.0 软件对多碱基序列进行比对并处理，激活多序列比对文件即开始建树。由于本次研究的山矾物种均为我国境内种，进化距离不大，信息位点较好，碱基序列亦相对较短，故软件处理时选用邻接法（NJ）高效且准确地建立系统发育树，并对其格式与出现的问题进行相关处理。

获得山矾属植物的系统发育树之后，对其进行分析，多序列比对完成后，进入 MEGA5.0 主界面，单击“Phylogeny”菜单，利用邻接法进行系统发育树的构建。鉴定某些目前研究较少的物种与已经较熟悉的物种的亲缘关系，利用相似性原理推测植物可能具有的潜在用途或开发前景，为今后的进一步研究提供一定的依据。

（三）研究结果与分析讨论

1 长江以南各省山矾属植物分布和生活型概况

根据文献研究和访谈调查，在长江以南的湖南、江西、浙江、福建、海南、湖北、安徽、广东、贵州、云南、海南、西藏、台湾等省区，分布着我国77种山矾属植物，其中灌木或小乔木共计约47种，乔木30种，是亚热带常绿阔叶林乔木层和灌木层的重要组成物种之一。山矾属植物在广西有36种，云南有39种，几乎占山矾属植物总数的一半，其次是广东和福建分别有23种和25种，约占30%，是山矾属在长江以南各省区的分布中心。由于人们对于山矾属植物的利用与其生活型差异关系比较密切，对各个省区分布的山矾属植物的生活型调查情况见表2：

表2 长江以南各省区山矾属植物生活型比例

分布省区	山矾种数	乔木种数	比例（%）
四川	16	6	37.5
贵州	18	7	38.8
云南	39	19	48.7
广西	36	16	44.4
广东	23	15	65.2
福建	25	18	72.0
湖南	23	13	56.5
台湾	20	8	40.0
浙江	15	12	75.0
江西	15	4	26.6
湖北	8	3	37.5
安徽	3	0	0
海南	19	12	63.2
西藏	12	4	33.3

山矾的生活型分为两类，一是灌木或小乔木，二是乔木。从表2可以看出，各个省区分布的山矾生活型比例有所差异，其中广东、福建、海南、浙江等沿海各省乔木所占比例较高，而内陆西南各省区灌木与小乔木所占比例相对高些，这与其生境阳光、海拔、气温和湿度有比较密

切的关系，沿海地区阳光充足，湿热、低海拔等条件有利于乔木的生长。

2　山矾属植物利用频度

对于长江以南 14 个省、自治区、直辖市共计 65 个调研村庄，总共调研访谈人数合计 343 人，利用频度公式 $f=N_m/N_i$，得出利用频度较高的 9 种植物依次为白檀（*S. paniculata*）、华山矾（*S. chinensis*）、越南山矾（*S. cochinchinensis*）、老鼠矢（*S. stellaris*）、珠仔树（*S. racemosa*）、十棱山矾（*S. chunii*）、总状山矾（*S. botryantha*）、茶叶山矾（*S. theaefolia*）、棱角山矾（*S. tetragona*）。如表 3 所示：

表 3　山矾属植物利用频度

植物名称	N_m	N_i	f（%）
白檀	343	128	37.3
华山矾	343	106	30.9
越南山矾	343	98	28.5
老鼠矢	343	79	23.1
珠仔树	343	65	18.9
十棱山矾	343	60	17.4
总状山矾	343	48	13.9
茶叶山矾	343	34	9.9
棱角山矾	343	29	8.4

表 3 中列出了 77 种山矾属植物利用频度最高的 9 种，反映了山矾属植物不同种被利用的程度存在差异。其中白檀、华山矾和越南山矾由于根叶具有显著的抗肿瘤、抗菌、抗氧化和止咳等药用价值，应用特别广泛。棱角山矾、珠仔树、十棱山矾植株树形较为优美，多被作为绿化观赏植物为人们所知。

3　中国山矾属植物资源分布及其传统用途

在长江以南 14 个省调研后，总结出我国 77 种山矾属植物资源生活型，分布省区以及当地人传统使用方式，如表 4 所示。

由于本次调研范围和各方面条件的限制，表 4 中有 15 种山矾属植物（丛花山矾、南国山矾、被毛腺柄山矾、毛腺柄山矾、少脉山矾、狭叶山矾、台东山矾、宿胞山矾、厚叶山矾、毛轴山矾、三裂山矾、单花山矾、毛山矾、台湾山矾、蒙自山矾）尚未发现有传统用途或是相关记载，另外 62 种植物传统用途主要体现为对乔木类木材的使用比较广泛，一般可视材质制作农具、家具或其他建筑木质材料，一般对灌木或小乔木木材直接使用较少。多数山矾属植物根、茎、叶具有药用价值，具有抗菌、抗肿瘤、抗炎镇痛、清热解毒等功效，种子风干后可以榨油用于润滑剂、制香皂或其他工业领域。此外，山矾属植物中既能观赏，又能丰富群落结构层次的种类比较多，如光叶山矾、总状山矾、海南山矾、柃叶山矾等，常用作绿化观赏植物广泛栽培。

表 4　我国山矾属植物的分布及传统用途

中文名	拉丁名	生活型	分布区域	传统用途
四川山矾	*S. setchuensis*	灌木或小乔木	湖南、江西	绿化树种；木材可制器具；种子可以榨油
棱角山矾	*S. tetragona*	乔木	江西、福建、浙江、湖南	绿化树种，可供观赏
茶叶山矾	*S. theaefolia*	灌木或小乔木	西藏、云南	叶可供泡茶饮用
叶萼山矾	*S. phyllocalyx*	小乔木	云南、贵州、四川	种子油可做肥皂，树形美观，可做观赏
枝穗山矾	*S. multipes*	灌木	四川、湖北、广西、福建	根可入药，治疗疾病
厚皮灰木	*S. crassifolia*	乔木	广西、海南	形态姣好，可供观赏
蒙自山矾	*S. henryi*	乔木	云南	
薄叶山矾	*S. anomala*	小乔木或灌木	浙江	种子油可做润滑油，木材坚硬，可做农具
台湾山矾	*S. morrisonicola*	小乔木或灌木	台湾	
微毛山矾	*S. wikstroemiifolia*	灌木	云南、贵州、福建	种子油可做肥皂，树形美观，可做观赏
毛山矾	*S. groffii*	乔木	湖南、江西、广东、广西	
广西山矾	*S. kwangsiensis*	灌木	广西、云南	根茎可以入药治疗哮喘
柃叶山矾	*S. euryoides*	灌木	云南、贵州、广西	种子油可做肥皂
单花山矾	*S. ovatilobata*	小乔木	海南	
坛果山矾	*S. urceolaris*	小乔木	湖南，江西	果实可以晾干入药做药引
总状山矾	*S. botryantha*	乔木	广西、广东、湖南	花卉可供观赏，种子可以榨油
卵苞山矾	*S. ovatibracteata*	灌木	广西	种子晒干用于榨油
福建山矾	*S. fukienensis*	小乔木	福建、广东	木材质地优良，可制作各种农具、家具
美山矾	*S. decora*	乔木	浙江	绿化树种，可供观赏

续表

中文名	拉丁名	生活型	分布区域	传统用途
银色山矾	*S. subconnata*	小乔木	广东、广西、湖南、浙江	木材可制作家具
长花柱山矾	*S. dolichostylosa*	小乔木	贵州、四川、湖南、广东	木材修长可做家具；可供观赏
三裂山矾	*S. fordii*	灌木	广东	
能高山矾	*S. nokoensis*	灌木	云南、贵州、广西	果实榨油可供工业用
十棱山矾	*S. chunii*	乔木	海南、广西	绿化植物，可供观赏
羊舌树	*S. glauca*	乔木	浙江、福建、台湾	树皮入药，木材可供建筑用
倒披针叶山矾	*S. oblanceolata*	乔木	云南	可供观赏，树皮可入药治疗创伤
绿枝山矾	*S. viridissima*	小乔木或灌木	海南	绿化植物，可供观赏
铁山矾	*S. pseudobarberina*	乔木	云南、广西、湖南、福建	木材细密，可做细工用材，全株可供药用
毛轴山矾	*S. rachitricha*	灌木	贵州、湖南、广西	
海南山矾	*S. hainanensis*	乔木	海南、广西	木材可制作家具
海桐山矾	*S. heishanensis*	乔木	广西、江西	新型木材，供建筑用
葫芦果山矾	*S. cavaleriei*	灌木	贵州	种子可榨油，小花梗可以泡茶饮用
琼中山矾	*S. maclurei*	乔木	海南	果实可以入药
橄榄山矾	*S. atriolivacea*	灌木	海南	种子油可做机械润滑油
木核山矾	*S. xylopyrena*	乔木	西藏、云南	核果可榨油或入药做药引
多花山矾	*S. ramosissima*	灌木或小乔木	广西、广东以及西南各省	叶可入药治疗咳嗽
长梗山矾	*S. modesta*	灌木	台湾	种子可以榨油用于润滑油
坚木山矾	*S. dryophila*	乔木	四川、云南、西藏	木材坚硬，可用于建材

续表

中文名	拉丁名	生活型	分布区域	传统用途
珠仔树	*S. racemosa*	灌木或小乔木	四川、云南、海南	根可入药，治疗跌打损伤
厚叶山矾	*S. crassilimba*	灌木	浙江、福建、四川	
滇南山矾	*S. hookeri*	乔木	云南、贵州	木材可制作农具
绒毛滇南山矾	*S. hookeri* var. *tomentosa*	乔木	云南、贵州	木材可制作农具
瓶核山矾	*S. ascidiiformis*	乔木	西藏、云南	种子榨油可供工业用
梨叶山矾	*S. pyrifolia*	灌木或小乔木	西藏	叶子泡水喝可以清热解暑
腺斑山矾	*S. glandulosopunctata*	乔木	西藏	木材质地优良，可制作家具
滇灰木	*S. yunnanensis*	乔木	云南	核果可榨油或入药做药引
宿苞山矾	*S. persistens*	乔木	云南	
柔毛山矾	*S. pilosa*	灌木或小乔木	云南	根茎榨汁敷于伤口可治疗跌打损伤
潮州山矾	*S. mollifolia*	灌木或小乔木	江西、湖南、台湾、广东	绿化植物，可供观赏
卵叶山矾	*S. ovalifolia*	灌木	台湾	核果干燥后可以入药做药引
光叶山矾	*S. stellaris*	小乔木	浙江、广东	叶可制茶，根药用，可和肝健脾，止血生肌
山矾	*S. sumuntia*	乔木	四川、云南、湖南	作为观赏植物和药用植物
黄牛奶树	*S. laurina*	乔木	福建、广东、广西	木材可做农具，树皮药用
台东山矾	*S. konishii*	小乔木	台湾	
火灰山矾	*S. dung*	小乔木	云南、福建、广东	木材做小件家具，植物油可供工业用
狭叶山矾	*S. angustifolia*	灌木	海南、广东	
短穗花山矾	*S. divaricativena*	灌木	福建、台湾	花蕊风干后可以泡茶饮用

续表

中文名	拉丁名	生活型	分布区域	传统用途
少脉山矾	*S. paucinervia*	灌木	广西	
铜绿山矾	*S. aenea*	乔木	四川、云南	色泽油绿，整株可供观赏
腺柄山矾	*S. adenopus*	乔木	贵州、云南、福建、广西	
被毛腺柄山矾	*S. adenopus* var. *vestita*	灌木	云南	
团花山矾	*S. glomerata*	灌木	云南、西藏	绿化植物，可供观赏
无量山山矾	*S. wuliangshanensis*	乔木	云南	木材修长可做家具；可供观赏
老鼠矢	*S. stellaris*	乔木	湖南、浙江、海南、台湾	木材可做器具，种子油可以制作肥皂
宜章山矾	*S. yizhangensis*	乔木	浙江、湖南	种子可以榨油用于润滑
文山山矾	*S. wenshanensis*	乔木	云南	根可入药，治疗疾病
卷毛山矾	*S. ulotricha*	乔木	台湾	枝叶用于泡水喝可清热解毒
大叶山矾	*S. grandis*	乔木	广西、云南	木材坚硬可用于建筑材料
长毛山矾	*S. dolichotricha*	乔木	广西、广东	木材可制作家具
南国山矾	*S. austrosinensis*	乔木	贵州、湖南、广西	
密花山矾	*S. congesta*	灌木	云南、贵州、浙江	根可入药，治疗跌打损伤
丛花山矾	*S. poilanei*	灌木或小乔木	海南	
华山矾	*S. chinensis*	乔木	浙江、广东、广西	根与叶可入药，种子油可食用
白檀	*S. paniculata*	灌木或小乔木	广西、广东、湖南、云南	木材细密，可作细工用材，全株可供药用
南岭山矾	*S. confusa*	小乔木	台湾、福建、贵州、浙江	种子榨油可供工业用
越南山矾	*S. cochinchinensis*	乔木	云南、广西、广东、福建	根与叶可入药化痰止咳

4　山矾属植物亲缘关系判定和用途预测

利用系统发育学的原理，在构建出山矾属植物的系统发育树之后，可对不同种的山矾植物的亲缘关系做出初步界定，并据此预测可能存在的传统用途（如下图）。

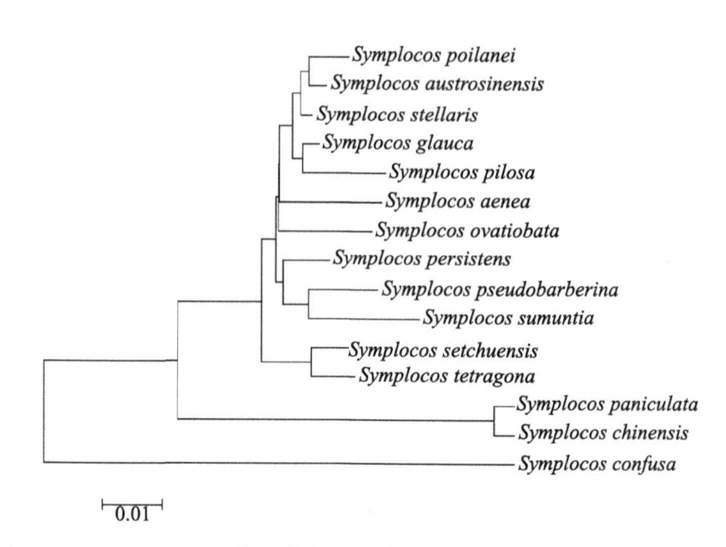

山矾属植物 ITS 基因序列 NJ 树

4.1　亲缘关系比较

根据 NJ 树可知，在研究的 15 种山矾属植物中，处于分支末端的关系平行的物种亲缘关系最近，包括丛花山矾与南国山矾，柔毛山矾与羊舌树，铜绿山矾与单花山矾，铁山矾与山矾，四川山矾与棱角山矾，白檀和华山矾，这些山矾属植物通过 ITS 基因序列比对，相似度最高，亲缘关系也是最近的。此外，该 NJ 树显示，南岭山矾与其他 14 种山矾的亲缘关系是比较远的，白檀和华山矾与其他种的亲缘关系也较远。而光叶山矾与丛花山矾亲缘关系相对较近（较丛花山矾与南国山矾亲缘关系次之），宿胞山矾与铁山矾的亲缘关系相对较近（较铁山矾与山矾的亲缘关系次之）。

4.2　不同种山矾属植物用途预测

由于ITS基因包含大量植物功能性片段，是采用系统发育方法研究物种亲缘关系的优质基因，利用相似性原理，亲缘关系较近的物种可能潜在具有相同或相似的用途，因此可对某些尚未发现或投入应用的物种用途进行一定的预测。白檀全株可供药用，华山矾根与叶皆可入药，两者由于亲缘关系较近，因此对于华山矾其他部位药用价值的开发较有前景，并且白檀中含有三萜类、黄酮类、木脂素和生物碱，很多具有药理活性的化学物质可以尝试从华山矾中提取，并对两者的药理活性提取物做进一步甄别和研究。四川山矾和棱角山矾生境类似，棱角山矾已广泛应用于绿化树种，作为观赏植物伫立在城镇的某些角落，而四川山矾体态与棱角山矾类似，现某些地区已经开始将其移栽并作为绿化植物发挥其城市职能，但尚未得到推广利用，依据亲缘关系，可以尝试将其作为绿化植物移居到更多适宜的地区。类似地，铁山矾与山矾，柔毛山矾与羊舌树，丛花山矾与羊舌树用途可做类似的处理。铜绿山矾，单花山矾其亲缘关系与上述物种相对较远，但仍是处于同一次分支，在进化关系上处于同一级，仍可在上述物种中寻找关联度较高的属性，对其用途进行尝试和预测。今后栽培植物时切忌将亲缘关系较远的物种在同一区域栽培，要综合考虑植物亲缘关系及其生境和植物自身相适应的特点。

参考文献

[1] 王宁辉，马养民．白檀化学成分及其生物活性的研究［D］．陕西科技大学．2015.

[2] 祝俊儒．薄叶山矾化学成分及生物活性的研究［D］．浙江工商大学．2012.

[3] 央金卓嘎，土艳丽，文雪梅．藏族对香柏植物利用的民族植物学研究［J］．西藏科技．2013（12）：71-73.

[4] 何春梅，邢福武，王发国．杜鹃属植物的民族植物学研究和应用现状［J］．中国野生植物资源．2012，31（2）：72-77.

[5] 彭绍云．福建新记录野生植物——总状山矾［J］．亚热带植物科学．2013，42（2）：181.

[6] 郑希龙，陈红锋，李榕涛，邢福武．海南润方言黎族药用民族植物学研究［J］．云南植物研究．2008，30（2）：195-210.

[7] 赵鹏，周惠娟，刘占林，等．胡桃属植物分子系统发育和生物地理研究进展［J］．林业科学．2014，50（11）：147-157.

[8] 张璐，苏志尧，倪根金．民族植物学的应用研究溯源［J］．北京林业大学学报．2005，4（3）：35-39.

[9] 关亚丽，潘琴，黄敏仁．民族植物学与海南黎药资源开发［J］．南京林业大学学报．2009，33（4）：145-149.

[10] 霍长红，梁鸿，张庆英，等．山矾的化学成分研究［J］．中草药．2009，40（7）：1039-1042.

[11] 谢朋飞，邱莉，黄桂坤，等．山矾科山矾属植物化学成分及药理活性研究概况［J］．天然产物研究与开发．2013，25（10）：1452-1460.

[12] 方明渊．四川南部山矾属一新种［J］．植物研究．1992，12（1）：113-114.

[13] 赵翰生．宋代以山矾染色之史实和工艺的初步探讨［J］．自然科学史研究．1999，18（1）：87-94.

[14] 赵警卫．武夷山山矾植物资源调查［J］．武夷科学．2007，23：155-158.

[15] 余爱农，谭志斗，甘华兵．新鲜山矾花头香成分的研究［J］．精细化工．2003，20（1）：26-28.

[16] 李德明，谭志勇．新型园林植物——棱角山矾［J］．广东园林．2005，30（4）：23-24.

[17] 刘兴玉，钟世理，李先源．野生木本饮料植物——光叶山矾［J］．西南农业大学学报．1991，13（2）：85-87.

[18] 钱义咏．云南山矾属一新种［J］．植物研究．1999，19（1）：5-7.

[19] 郑朝宗．浙江山矾属 *Symplocos* Jacq．植物的研究［J］．杭州大学学报（自然科学版）．1984，11（4）：470-477.

[20] 吴君，吴冬，童再康．浙江省山矾科植物园林应用综合评析［J］．山东林业科

技. 2014, 44 (4): 74-76.

[21] 陈海山, 叶华谷, 曾飞燕. 中国山矾属一新种 [J]. 热带亚热带植物学报. 2003, 11 (2): 169-170.

[22] 周玲, 周仁祯, 陈小玲, 陆海琳. 华山矾的生药学研究 [J]. 中国实验方剂学杂志. 2012, 18 (3): 106-108.

[23] 于黎, 张亚平. 系统发育基因组学——重建生命之树的一条迷人途径 [J]. 遗传. 2006, 28 (11): 1445-1450.

[24] 张智, 何贵娥, 高洪勤, 等. 山矾属植物研究现状及其园林应用前景 [J]. 中国农学通报. 2012, 28 (22): 308-311.

[25] 白艺珍, 曹向锋, 陈晨, 等. 黄顶菊在中国的潜在适生区 [J]. 应用生态学报. 2009, 20 (10): 2377-2383.

[26] 傅立国. 中国高等植物 (第三卷) [M]. 青岛: 青岛出版社. 2000.

[27] 中国科学院中国植物志编辑委员会. 中国植物志 (第 60 卷第 2 册) [M]. 北京: 科学出版社. 1987.

[28] 郑万钧. 中国树木志 (第二卷) [M]. 北京: 中国林业出版社. 1985.

[29] 谢春平. 基于 DIVA-GIS 生物地理分布图的绘制 [J]. 湖北农业科学. 2011, 50 (11): 2345-2348.

[30] CHEN K, WANG X D. Comparative analysis on photosynthetic characteristics and shade tolerance between *Mucuna sempervirens*, *Hedera nepalensis* var. *sinensi* and *Euonymus fortune* [J]. Joumal of Anhui Agricultural University, 2008, 35 (2): 196-199.

[31] JIANG J S, FENG Z M, WANG Y H, et al. New Phenolics from the Roots of *Symplocos* caudata WALL [J]. Chemical & pharmaceutical bulletin, 2005, 53 (1): 110-113.

[32] ACEBEY CASTELLON I L, Voutquenne-Nazabadioko L, Nai HDT, et al. Triterpenoid Saponins from *Symplocos lancifolia* [J]. Journal of Natural Products, 2011, 74 (2): 163-168.

[33] CARIS P, DECRAENE L P R, SMETS E, et al. The uncertain systematic position of *Symplocos* (Symplocaceae): Evidence from a floral ontogenetic study [J]. International Journal of Plant Sciences, 2002, 163 (1): 67-74.

[34] DHAON R, JAIN G K, SARIN J P S, et al. ChemInform Abstract: Symposide, A New Anti-Fibrinolytic Glycoside from *Symplocos racemosa* Roxb [J]. ChemInform, 1990, 21 (9) .

[35] MIURA HIROSHI, KITAMURA YOSHIE, SUGII MICHIYASU. Isolation, Determination and Synthesis of Confusoside, a Minor Dihydrochalcone Glycoside from *Symplocos microcalyx HAY* [J]. Shoyakugaku Zasshi, 1985, 39 (4): 312-315.

[36] LIN LIE-CHWEN, TSAI WEI-JERN, CHOU CHENGLIANG. Studies on the Constituents of *Symplocos lancifolla* [J]. Chinese Pharmaceutical Journal, 1996, 48 (6): 441.

中原氏山矾复合体的叶形态结构及其分类学意义

白宇佳[1]，刘博[1*]，卜楠龙[2]，胡雪辰[1]，杨芳[1]，石敏捷[1]，
（1. 中央民族大学生命与环境科学学院，北京，100081；
2. 南海子保护区，内蒙古包头，014046）

摘要　本文在形态学观察以及统计学分析的基础上，深入研究了中原氏山矾复合体的叶片形态学结构。结果表明，叶片质地在该复合体中可分为蜡质、革质、纸质3种类型，叶片大小变异幅度较大，除*S. kawakamii*、*S. tetragona*、*S. henryi*与其他种差异显著外，其余种均属于连续过渡，可以初步区分该复合体植物，为中原氏山矾复合体的进一步研究提供了依据，具有一定的分类学意义。

关键词　中原氏山矾复合体、叶形态、分类学意义

基金项目：国家留学基金资助、高等学校学科创新引智计划B08044、国家自然科学青年基金31400182

作者简介：白宇佳（1992—），女（汉族），陕西榆林人，中央民族大学生命与环境科学学院在读硕士研究生，研究方向：植物分子生物学，电话：15116995453，E-Mail：1404297595@qq.com

刘博（1984—），男（蒙古族），内蒙古呼和浩特人，中央民族大学生命与环境科学学院讲师，研究方向：民族植物学与植物资源学，电话：13466616881，E-Mail：boliu@muc.edu.cn

*通信作者 Corresponding author. E-Mail：boliu@muc.edu.cn

Taxonomic Revision of the *Symplocos nakaharae* Complex (Symplocaceae) with Leaf Morphology

BAI Yu-jia[1], LIU Bo[1*], BU Nan-long[2], HU Xue-chen,[1] YANG Fang[1], SHI Min-jie[1],
(1. *College of Life and Environmental Science*, *Minzu University of China*, Beijing 100081, China 2. *Nanhaizi Reserve*, Baotou, 014046, China)

Abstract Based on morphology and statistical analysis, we deeply studied the morphological structure of *Symplocos nakaharae* complex (Symplocaceae). The results showed that leaf texture in this complex can be divided into large waxy, leathery, papery and leaf size varied differently.

In addition to *S. kawakamii*, *S. tetragona*, *S. henryi* were significant differences, the rest were significant negative. These characteristics could be used to identify species and provide basic data for the study of taxonomic revision in *Symplocos nakaharae* complex.

Keywords *Symplocos nakaharae* complex leaf morphology taxonomic significance

中原氏山矾复合体［*S. nakaharae*（Hayata）Masam. complex］属于 *Subg. Symplocos* Sect. Lodhra，由一群形态性状相似的物种所组成，主要分布于中国、日本、不丹、柬埔寨、印度、印度尼西亚、老挝、马来西亚、缅甸、泰国和越南。中原氏山矾复合体种质资源丰富，部分种在亚洲的亚热带和热带地区，是森林和灌丛的重要组成部分，一些种如四川山矾、棱角山矾作为行道树，具有较高的观赏价值[1]。

植物学家对中原氏山矾复合体的范围界定存有较大争议，涉及该复合体内部分类群系统位置的处理。Brand 最早对其进行修订，承认了复合体内的 4 个种[2]。Handel-Mazzetti & Peter-Stibal 依据叶形、雄蕊数目和花序类型，承认该复合体中共有 10 个种[3]。Nooteboom 认为中原氏山矾复合体只有 2 个种，并将 Brand 和 Handel-Mazzetti & Peter-Stibal 在此复合体中承认的种都作为 *S. lucida*（Thunb.）Siebold & Zucc. 的异名处理[4]。吴容芬摒弃 Nooteboom[5] 的大种概念，认为中原氏复合体在中国有 7 个种[6-7]。Nagamasu 根据叶子大小和果实形状，认为中原氏山矾复合体在日本有 6 个种[8-9]。由于之前的同名异物 *S. lucida* Wall. ex G. Don 的存在，他把 *S. lucida*（Thunb.）Siebold & Zucc. 新拟名为 *S. kuroki* Nagam。在编写《台湾植物志》山矾科时，Nagamasu 承认台湾有复合体中的 3 种[10]。而 Wang 不同意 Nagamasu 的观点，他承认 2 种和 1 变种，他把 *S. setchuensis* 和 *S. migoi* 并入 *S. lucida*（Thunb.）Siebold & Zucc. 的异名当中，他同时承认 *S. shilanensis* 和 *S. japonica* var. *nakaharae*[11]，与 Li[12] 和 Ying 结论一致[13]。总之，中原氏山矾复合体的范围鉴定仍存在较大的争议，种数从 2 种到 10 余种不等。

形态性状是人们认识植物的基础，是提示分类群之间关系和进化水平的重要表型依据。

叶片相对于花和果实来说，不受季节性的限制，在鉴定植物及系统分类方面具有重要的价值[14-15]。同时，叶脉形态可作为科间、属间及种间的分类依据，尤其体现在种的鉴定方面[16-17]。中原氏山矾复合体分布广泛，前人在选取物种的划分证据时，主要基于形态学上较少性状的观察，而对于叶片的数量性状尚未进行统计。为此，本文在前期的基础上，对中原氏山矾复合体叶片的形态学特征进行全面的观察，并对叶片的长度、宽度进行统计学分析，为解决中原氏山矾复合体中各类群的分类归属问题提供研究依据。

1 材料与方法

1.1 实验材料

笔者在访问了国内外 12 个标本馆的基础上，以各标本馆所藏的400余份中原氏山矾复合体的腊叶标本为主要观测对象，选取标本数量达6—10份，物种名称、编号及每个种进行统计测量的标本数目见表1。同时，对分布于野外的30个群体进行生境及形态学的观察，具体的考察地区见图1。

表1 中原氏山矾复合体物种名称、编号及标本数目

Table 1 Species Name, Number of *Symplocos nakaharae* Complex

编号	俗名	学名	标本数目
1	小笠原山矾	*S. boninensis*	11
2	蒙自山矾	*S. henryi*	3
3	厚皮灰木	*S. lucida* ssp. *lucida*	9
4	棱核山矾	*S. lucida* ssp. *howii*	8
5	川上山矾	*S. kawakamii*	10
6	中原氏山矾	*S. kuroki*	9
7	枝穗山矾	*S. multipes*	6
8	细枝山矾	*S. pergracilis*	6
9	茶叶山矾	*S. theifolia*	15
10	四川山矾	*S. setchuensis*	9
11	田中山矾	*S. tanakae*	10
12	希兰灰木	*S. shilanensis*	14
13	拟日本灰木	*S. migoi*	9
14	棱角山矾	*S. tetragona*	10

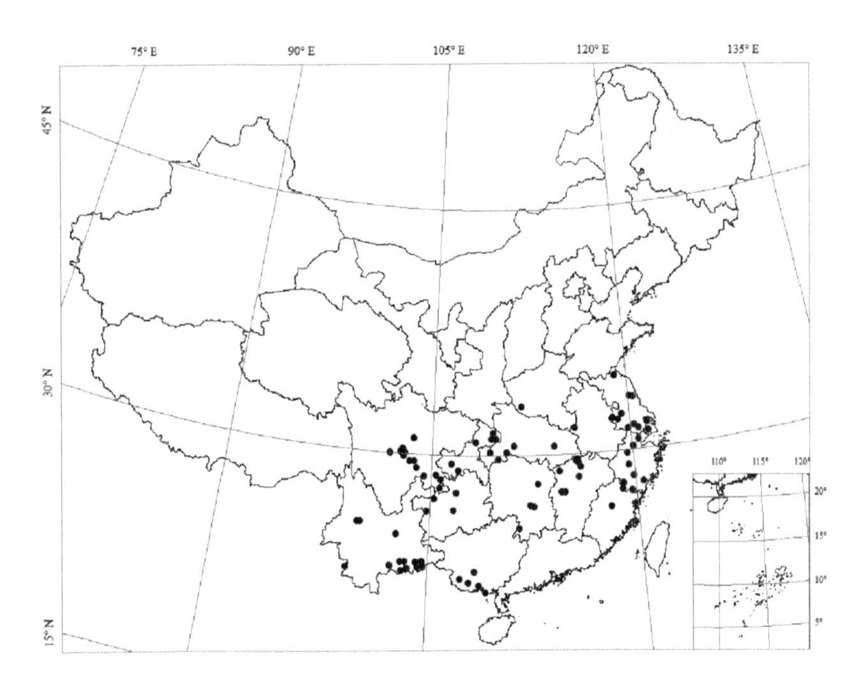

图 1　中原氏山矾复合体样品采集地

Figure 1　Distribution of *Symplocos nakaharae* Complex

1.2　实验方法

每个种选取生长状况良好的树叶样品，测量其长度、宽度以及叶柄长度并利用 SPSS17.0 软件对样品的长度和宽度进行单因素方差分析（One way ANOVA）和多重分析（LSD）检验数据是否存在差异性。

2　结果与分析

2.1　中原氏山矾复合体叶形态结构特征

叶形态特征在中原氏山矾复合体各物种间既有共性又有一些差异，该复合体的叶片全为单叶，常排成二列，托叶早落，全缘或具腺锯齿，有时边缘反卷，羽状脉，中脉在上面凸起，侧脉和网脉在上面凸起或凹陷，叶形有椭圆形、披针形、倒披针形等，叶先端常为渐尖、基部楔形或近圆形。通过对大量的标本进行形态学观察发现，如图 2 所示，该复合体叶片可以分为以下 3 类：

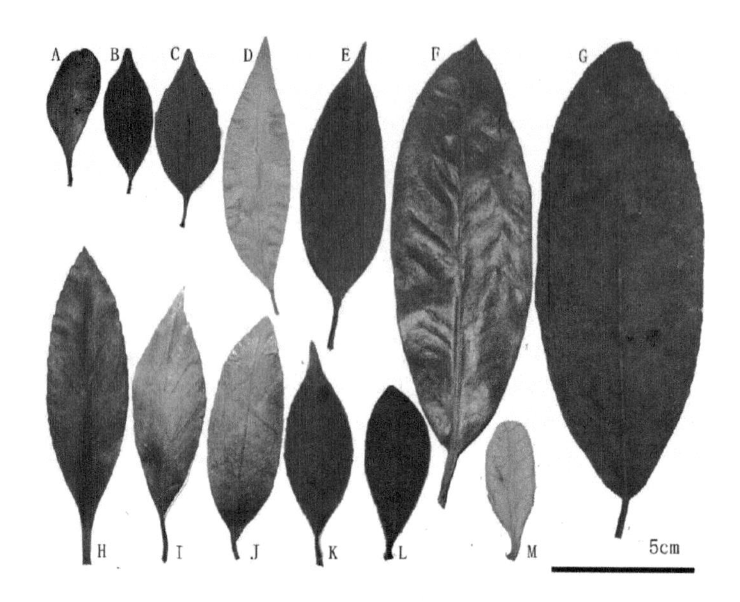

图 2 中原氏山矾复合体叶片形态

Figure 2 Leaf Morphology of *Symplocos nakaharae* Complex

A. *S. pergracilis*; B. *S. migoi*; C. *S. shilanensis*; D. *S. lucida* ssp. *lucida*; E. *S. lucida* ssp. *howii*; F. *S. tetragona*; G. *S. henryi*; H. *S. tanakae*; I. *S. theifolia*; J. *S. setchuensis*; K. *S. multipes*; L. *S. nakaharae*; M. *S. kawakamii*.

Ⅰ. 叶片质地：

（1）蜡质：*S. pergracilis* 和 *S. tetragona* 表面明显蜡质，其他种则蜡质不明显；

（2）厚革质：*S. tetragona*，*S. lucida* ssp. *lucida*

（3）薄纸质：*S. henryi*

（4）薄革质：*S. theifolia*，*S. multipes*，*S. setchuensis*，*S. migoi*，*S. shilanensis*，*S. nakaharae*，*S. pergracilis*，*S. boninensis*，*S. kawakamii*，*S. tanakae*。

Ⅱ. 叶脉：*S. kawakamii* 最为特殊，其侧脉和网脉均在叶表面凸起，而其他种则凹陷。

Ⅲ. 叶边缘：

S. kawakamii 叶边缘强烈内卷，其他种叶缘均不反卷。

2.2　叶片形态学数据分析

中原氏山矾复合体叶片大小变异幅度较大，长度、宽度、叶柄的平均值范围分别是 4.32—15.29cm、1.18—6.57cm、0.35—1.85cm。在该复合体中，叶片长度最长的是 *S. henryi*：17.11cm，其次是 *S. tetragona*：15.29cm，最短的是 *S. kawakamii*：2.82cm，叶片宽度最大的是 *S. henryi*：6.57cm，其次是 *S. tetragona*：5.05cm，最小的是 *S. kawakamii*：1.18cm，叶柄最长的为 *S. henryi*：1.85cm，其次为 *S. tetragona*：1.69cm，*S. boninenis*：1.50cm 和 *S. theifolia*：1.33cm。叶柄长度在区分物种时可以起到辅助作用，如 *S. theifolia* 叶柄总长大于 1cm，*S. setchuensis* 则小于 1cm，而叶片长宽比值在 2.00—3.94，无明显区别（表2、图2）。对中原氏山矾复合体叶片长度、宽度进行方差分析（表 3、表 4），当分子的自由度为 13，分母的自由度为 115 时，$F_{13,115,0.01}=2.33$，$F>F_{0.01}$，即 $P<0.01$，拒绝 H_0。统计分析表明，中原氏山矾复合体的叶片特征差异极显著，能用作中原氏山矾复合体的植物分类指标。利用独立变量 t 检验（表 5、表 6）比较中原氏山矾复合体叶片发现，除了 *S. kawakamii*（2.82cm×1.18cm）、*S. tetragona*（15cm×5.4cm）、*S. henryi*（17cm×6.6cm）与其他种均差异显著外，其余种差异不是特别显著，均属于连续过渡（图 3）。

表 2　中原氏山矾复合体叶片数量性状统计

Table 2　Leaf Characters Statistics of *Symplocos nakaharae* Complex

种名	平均叶长/cm	平均叶宽/cm	平均叶柄长/cm	长宽比
S. boninensis	7.49	3.75	1.50	2.00
S. henryi	17.11	6.57	1.85	2.63
S. lucida ssp. *lucida*	7.81	3.28	0.80	2.38
S. lucida ssp. *howii*	8.48	2.53	0.35	3.35
S. kawakamii	2.82	1.18	0.50	2.39
S. kuroki	5.91	2.43	0.61	2.43
S. multipes	6.25	2.43	0.70	2.57
S. nakaharae	5.50	2.50	0.70	2.20
S. pergracilis	4.50	1.70	1.00	2.65
S. theifolia	9.05	3.33	1.33	2.72
S. setchuensis	7.87	2.71	0.75	2.90
S. tanakae	9.50	2.41	1.80	3.94
S. shilanensis	4.32	1.83	0.50	2.36
S. migoi	5.00	1.80	0.60	2.78
S. tetragona	15.29	5.05	1.67	3.04

表 3　中原氏山矾复合体叶片长度的方差分析

Table 3　The One Way ANOVA for Leaf Length of *Symplocos nakaharae* Complex

	平方和	*df*	均方	*F*
组间	1459.184	13	112.245	84.740^{**}
组内	152.327	115	1.325	
总数	1611.510	128		

注：$^{**}\ \alpha=0.01$

表 4　中原氏山矾复合体叶片宽度的方差分析

Table 4　The One Way ANOVA for Leaf Width of *Symplocos nakaharae* Complex

	平方和	d*f*	均方	*F*
组间	145.553	13	11.196	38.772**
组内	33.209	115	0.289	
总数	178.761	128		

注：** $\alpha=0.01$

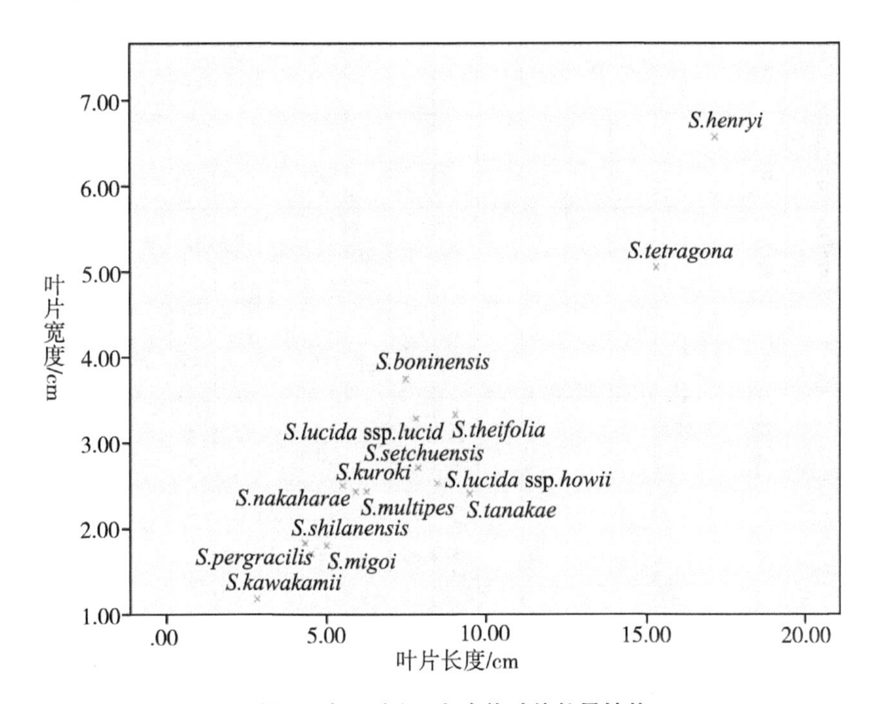

图 3　中原氏山矾复合体叶片数量性状

Figure 3　Leaf Characters Statistics of *Symplocos nakaharae* Complex

表 5 中原氏山矾复合体叶片长度的 LSD 分析

Table 5 The LSD for Leaf Length of *Symplocos nakaharae* Complex

	BON	LUC	HEN	HOW	KAW	KUR	MIG	MUL	PER	SET	SHI	TAN	TET	THE
BON	—													
LUC	-0. 75	—												
HEN	-9. 63*	-8. 88*	—											
HOW	-0. 38	0. 37	9. 25*	—										
KAW	4. 54*	5. 29*	14. 17*	4. 91*	—									
KUR	1. 68*	2. 43*	11. 31*	2. 05*	-2. 85*	—								
MIG	2. 42*	3. 17*	12. 05*	2. 80*	-2. 11*	0. 74	—							
MUL	0. 56	1. 31*	10. 19*	0. 94	-3. 97*	-1. 11	-1. 86*	—						
PER	3. 17*	3. 92*	12. 79*	3. 54*	-1. 36*	1. 49*	0. 74	2. 60*	—					
SET	-0. 33	0. 42	9. 30*	0. 05	-4. 86*	-2. 01*	-2. 75*	-0. 88	-3. 49*	—				
SHI	3. 16*	3. 91*	12. 78*	3. 53*	-1. 38*	1. 47*	0. 73	2. 59*	-0. 01	3. 48*	—			
TAN	-2. 12*	-1. 37*	7. 51*	-1. 73*	-6. 65*	-3. 79*	-4. 53*	-2. 67*	-5. 28*	-1. 78*	-5. 27*	—		
TET	-7. 81*	-7. 06*	1. 81*	-7. 43*	-12. 34*	-9. 49*	-10. 23*	-8. 37*	-10. 98*	-7. 48*	-10. 96*	-5. 69*	—	
THE	-1. 53*	-0. 78	8. 10*	-1. 14*	-6. 06*	-3. 20*	-3. 95*	-2. 08*	-4. 69*	-1. 19*	-4. 68*	0. 58	6. 28*	—

注：*α=0. 05

BON，*S. boniensis*；LUC，*S. lucida* ssp. *lucida*；HEN，*S. henryi*；HOW，*S. howii*；KAW，*S. kawakamii*；KUR，*S. kuroki*；MIG，*S. migoi*；MUL，*S. multipes*；PER，*S. pergracilis*；SET，*S. setchuensis*；SHI，*S. shilanensis*；TAN，*S. tanakae*；TET，*S. tetragona*；THE，*S. theifolia*

表 6 中原氏山矾复合体叶片宽度的 LSD 分析

Table 6 The LSD for Leaf Width of *Symplocos nakaharae* Complex

	BON	LUC	HEN	HOW	KAW	KUR	MIG	MUL	PER	SET	SHI	TAN	TET	THE
BON	—													
LUC	0.01	—												
HEN	-2.82*	-2.83*	—											
HOW	1.44*	1.43*	4.26*	—										
KAW	2.38*	2.37*	5.20*	0.93*	—									
KUR	1.08*	1.07*	3.90*	-0.35	-1.29*	—								
MIG	1.38*	1.37*	4.20*	-0.05	-0.99*	0.29	—							
MUL	1.01*	0.99*	3.82*	-0.43	-1.37*	-0.08	-0.38	—						
PER	1.78*	1.77*	4.60*	0.34	-0.59*	0.69*	0.40	-0.78*	—					
SET	0.94*	0.93*	3.76*	-0.49	-1.43*	-0.13	-0.43	-0.05	-0.83*	—				
SHI	1.54*	1.54*	4.36*	0.11	-0.83*	0.46*	0.16	0.54*	-0.23	0.60*	—			
TAN	1.07*	1.06*	3.89*	-0.36	-1.30*	-0.01	-0.31	0.07	-0.71*	0.13	-0.47*	—		
TET	-1.30*	-1.31*	1.51*	-2.74*	-3.68*	-2.38*	-2.68*	-2.30*	-3.08*	-2.24*	-2.85*	-2.38*	—	
THE	0.39	0.38	3.21*	-1.04*	-1.98*	-0.69*	-0.99*	-0.61*	-1.39*	-0.55*	-1.15*	-0.68*	1.69*	—

注：* $\alpha = 0.05$

BON，*S. boniensis*；LUC，*S. lucida ssp. lucida*；HEN，*S. henryi*；HOW，*S. howii*；KAW，*S. kawakamii*；KUR，*S. kuroki*；MIG，*S. migoi*；MUL，*S. multipes*；PER，*S. pergracilis*；SET，*S. setchuensis*；SHI，*S. shilanensis*；TAN，*S. tanakae*；TET，*S. tetragona*；THE，*S. theifolia*

3 讨论

叶片在中原氏山矾复合体中具有重要的分类学意义，叶片的质地、大小、叶脉均可作为该复合体的分类学指标。叶柄作为植物较保守和原始的结构[19]，其长度的变化范围在该复合体间是 0.35—1.85cm，在鉴定植物种间关系中起到辅助作用。

叶片是植物进化过程中对环境变化较敏感且可塑性较强的器官，环境变化常导致叶片的长、宽及厚度，叶表皮细胞及其附属物等形态解剖结构的响应与变化[20-21]。不同物种间叶片结构的差异，在一定程度上反映了该物种适应不同生境的能力。*S. kawakamii* 叶子最小，仅（2—5）cm×(0.7—2.2) cm，边缘明显反卷的叶片特征决定了其具有较强的干旱性，与该物种在日本小笠原群岛特有的分布相适应。

不同物种间的变异反映了地理和生殖隔离上的差异，对于不同海拔的植物群落，其叶片的类型、形状、大小是所处环境最独特的标志，且叶片随着海拔的增高而变小[22-23]。*S. henryi* 特征最为明显，叶片在复合体中最大（17cm×6.6cm），生于海拔 1700m 的林中，在高海拔的环境下，叶片接受光能、同化 CO_2 的时间缩短，植物可能通过增加叶片的氮含量来保持稳定的光合碳获取能力。

利用独立变量 t 检验比较中原氏山矾复合体中各物种间的叶片长度和宽度，分析结果与传统的分类结果有一些差别。*S. henryi*（17cm×6.6cm）特征最为明显，其次是 *S. tetragona*（15cm×5.4cm），最小的是 *S. kawakamii*（2.82cm × 1.18cm）。除了 *S. kawakamii*、*S. tetragona*、*S. henryi* 与其他种均差异显著外（$P<0.05$），其余种均属于连续过渡，差异不是特别明显，并不能很好地区分它们，这说明了对复合体的叶片进行方差分析，可以初步区分该复合体植物。

统计学分析可以定量地描述植物叶片的复杂程度，通常所说的植物进化只是简单地通过人们的直觉进行分类。由于观察的偏差，这种直觉常常造成错误判断，将本应属于一个种的植物划分为两个或更多个种，造成复合体的存在。当两种叶片大小相似的植物放在一起难以区分时，通过对其进行方差分析，可以更直观地解决这一问题。同时，统计学分析有着很大优势，它不依赖于对物种进行形态学特征分析，能够在复杂叶片形状中找到共同特征。中原氏山矾复合体种质资源丰富，是极具发展潜力的植物。本文通过对中原氏山矾复合体的叶片形态结构进行方差分析，得到不同物种间叶片具有显著性差异，具有一定的分类学意义，为中原氏山矾复合体的进一步研究提供了依据。

参考文献

[1] 张智，何桂娥，高洪勤，等．山矾属植物研究现状及其园林应用前景［J］．中国农学通报，2012，28（22）：308-311.

[2] BRAND A. Symplocaceae［M］//ENGLER A. ed. Das Pflanzenreich（Engler）. Leipzig：Verlag Von Wilhelm Engelmann，1901：1-100.

[3] HANDEL-MAZZETTI H，PETER-STIBAL E. Eine Revision der Chinesischen Arten Der Gattung *Symplocos* Jacq.［M］. Beihefte zum Botanischen Centralblatt，1943，62-B：42.

[4] NOOTEBOOM H P. Additions to Symplocaceae of the Old World Including New Caledonia［J］. Blumea-Biodiversity，Evolution and Biogeography of Plants，2005，50（2）：407-410.

[5] ZEPERNICK R B B. Revision of the Symplocaceae of the Old World，New Caledonia Excepted by H. P. Moteboom［J］. Willdenowia，1975，7（3）：710-711.

[6] WU R F. A preliminary study on *Symplocos* of China［J］. Acta Phytotaxonomica Sinica，1986a，24（3）：193-202.

[7] WU R F. A preliminary study on *Symplocos* of China（continue）［J］. Acta Phytotaxonomica Sinica，1986b，24（4）：275-291.

[8] NAGAMASU H. Notes on *Symplocos lucida* and related species in Japan［J］. Acta Phy-

totaxonomica Et Geobotanica, 1987, 38: 283-291.

[9] NAGAMASU H. The Symplocaceae of Japan [D]. Kyoto University, 1993.

[10] NAGAMASU H. Symplocaceae [M]//*Flora of Taiwan* Editorial Committee ed. 1998. Flora of Taiwan Vol. 4. Taipei: Editorial Vommiittee of the *Flora of Taiwan*.

[11] WANG C C. A Taxonomic Study of the Symplocaceae of Taiwan [D]. Chung Hsing University, 2000.

[12] LI H L. Critical Notes on the Genus *Symplocos* in Formosa [J]. Journ. Wash. Acad. 1953, 43: 43-46.

[13] YING S S. The Symplocaceae of Taiwan [J]. Bulletin of the Experimental Forest of Taiwan University, 1975, 116: 545-571.

[14] YING S S. Symplocaceae [D]. Taipei: Taiwan University. 1987.

[15] STACE C A. Cuticular studies as an aid to plant taxonomy [J]. Bull. Brit. Mus. (Nat. Hist.) Bot 4, 1965: 3-78.

[16] HICKEY L J. Classification of the architecture of dicotyledonous leaves [J]. American Journal of Botany, 1973, 60 (1): 17-33.

[17] MELVILLE R. The Terminology of Leaf Architecture [J]. Taxon, 1976, 25 (5-6): 549-561.

[18] YU C H, CHEN Z L, Leaf architecture of the woody dicotyledons from tropical and subtropical China [M]. 1991.

[19] 陈机．植物解剖学 [M]. 济南：山东大学，1961.

[20] 中国科学院植物研究所．草类纤维：禾本科 [M]. 北京：科学出版社，1973.

[21] 李扬汉．禾本科作物的形态与解剖 [M]. 上海：上海科学技术出版社，1979.

[22] HÖLSCHER D, SCHMITT S, KUPFER K. Growth and leaf traits of our broad-leaved tree species along a hillside gradient [J]. Forstwissenschaftliches Centralblatt, 2002, 121: 229-239.

[23] MCDONALD P G, FONSECA C R, OVERTON J M, WESTOBY M . Leaf-size divergence along rainfall and soil-nutrient gradients: Is the method of size reduction common among clades? [J]. Functional Ecology, 2003, 17 (1): 50-57.

Potential Ornamental Plants in Symplocaceae from China

Yujia Bai[1], Jianqin Li[1,2], Qiyi Lei[1,3], Chunlin Long[1,4], Bo Liu[2,a]

[1]College of Life and Environmental Sciences, Minzu University of China, Beijing 100081, China; [2]Faculty of Forestry, Southwest Forestry University, Kunming 650224, China; [3]School of Environment & Life Science, Kaili University, Guizhou 556011, China; [4] Kunming Institute of Botany, Chinese Academy of Sciences, Kunming 650201, China.

Abstract Trees and shrubs in Symplocaceae are mostly evergreen and many species are well-known for being used traditionally in many different ways in China. 42 species occurring in China, and most of them are widely distributed in subtropical regions. Some species can be cultivated as ornamental plants or having ornamental values. The Southern, Southwestern and Southeastern regions of China have rich biodiversity and cultural diversity of Symplocaceae species. The data were collected in different seasons during 2009–2014, including literature investigation. In total, 250 informants were interviewed. Ethnobotanical and botanical approaches including free listing, use frequency, and semi-structured interviews were used to collect data from Guangxi, Guangdong, Fujian, Hunan, Yunnan and Jiangxi in China. This study recorded the ornamental importance and potential resources of the family Symplocaceae in tropical and subtropical areas of China. Thirty shrub or tree species were recommended here as potential ornamentals. For each species, the field distribution, ornamental value, prediction for potential distributions and traditional management were recorded and analyzed. In addition to aesthetic values, the plants of Symplocaceae have traditionally been used for drinks, dyes, hard wood, edible fruit, medicine, valuable commercial resin or gum, and for extracting oil. We concluded that (1) China has advantage for developing and using Symplocaceae species. (2) Local knowledge on ornamental Symplocaceae species is diversified and influenced by ethnic groups. And (3) Different ethnic groups share the same mentality towards being sustainable and also meeting their needs through resource management.

Keywords Symplocaceae　ornamental value　traditional management　development potential　ethnobotany

---

[a] Email: boliu@ muc. edu. cn

INTRODUCTION

The Symplocaceae compromises about 200 species within only one genus. They are widely distributed in tropics and subtropics of Asia, Australia, and South America. There are 42 species (18 endemic) in China. Most of them are widely distributed in subtropical regions.

Symplocoaceae species attract many gardens and landscape due to its emerald green foliage, tower–shaped crown and upright trunk forming unique and charming scenery. With leaves spirally or distichously arranged; inflorescences spikes, racemes, panicles or glomerules; corolla fragrant, white or yellow, colorful fruit, Symplocoaceae trees traditionally are cultivated along streets, in parking lots, or in gardens. Thus, beautifying garden and improving air quality make them becoming a group of great potential plants in China.

In addition to ornamental value, the Symplocaceae plants are also used as herbal medicines, drinks, dyes, oil-bearing seeds, valuable commercial resins or gums, and construction materials, which play an important role in local economy.

There are many Symplocaceae plants used as city tree species, such as-*Symplocos tetragona*, planting in gardens. This study aims to evaluate potential ornamental species in Symplocaceae and deal with the morphological characteristics, natural distribution, status of resources, and ethnobotany of species with potential ornamental values based on our field observations and ethnobotanical interviews.

MATERIALS AND METHODS

Study Area

As we all know, the southern, southwestern and southeastern regions of

China have rich biological and cultural diversity of Symplocaceae species. The study area carried out in subtropical regions of the Yangtze River. Field surveys were conducted in Guangxi, Guangdong, Fujian, Hunan, Yunnan and Jiangxi in China(Figure). The vegetation belongs to the subtropical or tropical evergreen forest. The diverse climate combined with rich traditional knowledge have various germplasm resources and information for exploring potential ornamental species based on ethnobotanical methods.

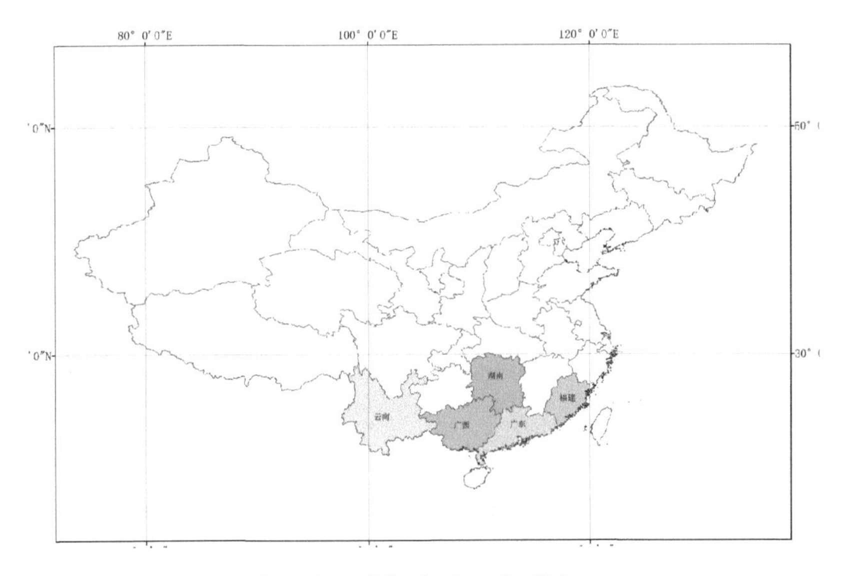

Location of Study Area in China

Field Survey and Data Collection

Before our field work, relevant literature was consulted to obtain information on the natural environment, ornamental value, economic value and the local culture, this was helping in our survey. Field surveys were carried out in 2009-2014. During the investigation, 250 informants were interviewed. Ethnobotanical data were collected through using direct observation, semi-structured interviews, individual discussions, key informant interviews, focus group discussions, questionnaires and participatory rural appraisal (PRA) (Alexiades and Sheldon, 1996; Long and Wang, 1996; Chambers, 1994a, b). Quantitative analysis is also used to judge the potential value of local plants.

RESULTS AND DISCUSSION

The plants we recommend here as potential ornamentals comprise 30 species of shrubs or trees (Table). Symplocaceae species, combining flower, fruit, foliage and shape, is one of the best tree species in urban landscape. Here we give an overview of the ornamental species and those with development potentials.

Intensive Cultivation for Ornamental Uses

Numerous species in the genus *Symplocos* can be cultivated as ornamental plants or having ornamental values. They can be widely cultivated along streets, in parking lots, or in gardens. As a great landscape tree, *Symplocos cochinchinensis*, with white or yellow flower, widely cultivated along the street. In the past, ornamental plants breeding were limited on very small scales. They were only limited as a hobby and by a few wealthy families(Chen, 2000). At present, we may mainly focus on cutting propagation. With the development of economy, the impact of ornamental plants on economy and environments may bring a lot of attentions to the governments and public.

Intensive Cultivation for Medicinal Uses and Other Important Uses

Symplocaceae ornamental plants do not only enrich the diversity of plant materials in our landscape today, but also provide the great sources for other important uses. In the folk, the part of *Symplocos* plants can be used as medicine purpose, such as fruit, leaves and root. The natural benzophenones exhibit.

Ornamental Plants of Symplocaceae

No.	Latin name	Life form and habitat	Florescence	Ornamental value	Other values
1	*Symplocos anomala*	Shrubs or trees in mixed forests at 400–3000m.	Apr-Dec	Young branchlets brown, leaf elliptic, corolla white with fragrant smell	Seed oil can be used for lubricants, hard wood
2	*Symplocos wikstroemiifolia*	Shrubs or trees in mixed forests; 900–2500m	Mar	Leaf blade narrowly elliptic, racemes, drupes ovoid with black when it riped	Seed oil make soap; medicine, root can cure fever; wood
3	*Symplocos ovatilobata*	Shrubs or trees in mixed forests; 600–800m	Oct-Nov	Young branchlets green, leaf elliptic, corollasolitary white	
4	*Symplocos sumuntia*	Trees in mixed forests; 100–1800m	Feb-Nov	Young branchlets brown, leaf blade elliptic, racemes, corolla white or yellow, drupes ampulliform to ovoid	Dyes; medicine, the root can cure fever headache, thirst and cardiodynia
5	*Symplocos glauca*	Trees or shrubs in mixed forests; 600–3000m	Apr-Aug	Twigs glabrous or rusty tomentellous to tomentose, small pith lamellated, often disappearing when dry, buds densely brown pubescent, leaf blade brown when dry, spikes with many stamens	Hard wood; medicine, the bark can cure cold
6	*Symplocos heishanensis*	Trees in mixed forests; 1300m	Feb-May	Young branchlets dark brown, leaf blade narrowly elliptic, racemes, corolla white, drupes dark purplish, friut purple when mature	Hard wood

Continued

No.	Latin name	Life form and habitat	Florescence	Ornamental value	Other values
7	*Symplocos ramosissima*	Shrubs or trees in mixed forests; 1000–2600m	Apr-May	Young branchlets dark purplish, leaf blade elliptic , racemes 1. 5–3. 0cm, with some branches from base, pubescent, corolla white, drupes green to yellowish brown, blue-black at maturity	
8	*Symplocos modesta*	Shrubs in mixed forests; 1000m	Nov	Branchlets glabrous, leaf blade ovate-elliptic to ovate, racemes 3. 5–4cm	
9	*Symplocos racemosa*	Shrubs or trees in mixed forests; 100–1600m	Dec-Apr	Leaf blade narrowly to broadly elliptic, racemes 4 – 10cm, densely yellowish brown pubescent	Fodder, medicine, the root can cure eye disease
10	*Symplocos crassilimba*	Trees in mixed forests; 400–1000m	Oct-Dec	Trees 5–30m tall, young branchlets grayish white, racemes with many stamens, fruit yellow-white, ellipsoid to ovoid, corolla white	Hard wood
11	*Symplocos lancifolia*	Shrubs or trees in mixed forests; 800–1400m	Mar-Nov	Branchlets dark brown, leaf blade ovate, elliptic, leaf red–brown when dry, spikes 1–4cm, drupes ellipsoid to subglobose	Leaves used for tea; root can cure bruises
12	*Symplocos cochinchinensis*	Trees in mixed forests; 800–1500m	Aug-Sep	Trees 13m tall, young branchlets red-brown, spikes 3 – 15cm, corolla white or yellow, drupes ampulliform to subglobose	Medicine, the root can cure cough
13	*Symplocos glomerata*	Shrubs or trees in mixed forests; 1200–2700m	Jul-Oct	Branchlets dark brown, leaf blade narrowly elliptic to elliptic, drupes cylindrical, inflorescences with 30 stamens	Medicine

Continued

No.	Latin name	Life form and habitat	Florescence	Ornamental value	Other values
14	*Symplocos stellaris*	Shrubs or trees, slopes in mixed forests; 1100m	Feb-May	Evergreen tree, young branchlets reddish brown, leaf narrowly oblong-elliptic, inflorescences with many stamens, corolla white	Seed oil can make soap; hard wood, medicine
15	*Symplocos fukienensis*	Trees in mixed forests; 900m	Jun	Trees to 3m tall, leaf blade oblong to oblong-elliptic, corolla yellow, inflorescences with 40 stamens	
16	*Symplocos dolichotricha*	Trees, slopes in mixed forests; 800m	Jul-Nov	Trees to 12m tall, leaf blade elliptic, drupes green, subglobose	
17	*Symplocos congesta*	Shrubs or trees in mixed forests; 200–1500m	Aug-Nov	Corolla white, drupes purplish blue, cylindrical	Medicine, root can cure bruises
18	*Symplocos poilanei*	Shrubs or trees in mixed forests; 300–2000m	Jan-Sep	Leaf yellow-green when it dry, corolla white with smell, drupes cylindrical	Hard wood, medicine
19	*Symplocos paniculata*	Shrubs or trees, slopes in mixed forests; 800–2500m	Apr-Jun	Young branchlets gray, leaf ovate, corolla white, drupes bluish, rarely white, ovate-globose	Medicine
20	*Symplocos sulcata*	Trees, slopes in mixed forests; 1200–2300m	May-Nov	Trees. Leaf blade narrowly elliptic, racemes with 30 stamens, drupes cylindrical to ellipsoid	
21	*Symplocos ulotricha*	Trees, slopes in mixed forests; 900–1100m	Apr-Nov	Trees to 7m tall, young branchlets densely brown, leaf red when dry, corolla white, drupes cylindrical	

Continued

No.	Latin name	Life form and habitat	Florescence	Ornamental value	Other values
22	*Symplocos euryoides*	Shrubs in mixed forests; 600–900m	Jul-Aug	Shrubs to 2m tall, young branchlets red-brown or dark brown, leaf blade narrowly elliptic, yellowish green, corolla white	
23	*Symplocos viridissima*	Shrubs or trees in mixed forests; 600–1500m	Mar-May	Shrubs or trees, 3 – 6m tall, branchlets light green, racemes with 30–50 stamens	
24	*Symplocos groffii*	Shrubs or trees in mixed forests; 500–1500m	Apr	Shrubs or small trees, to 6m tall, inflorescence axes, corolla white	
25	*Symplocos xylopyrena*	Trees in mixed forests; 1800–2000m	Aug	Trees 3. 5 – 5m tall, branchlets minutely brown, leaf green-brown, racemes, corolla white-blue	
26	*Symplocos austrosinensis*	Shrubs or trees in mixed forests; 1000m	Jun-Oct	Young branchlets thin, old branchlets dark brown, drupes brown to black when dry, cylindrical	
27	*Symplocos pendula*	Shrubs or trees in mixed forests; 900m	Jun-Aug	Leaf blade elliptic, racemes, corolla white	
28	*Symplocos pilosa*	Trees in mixed forests; 1500–2600m	May	Trees to 3m tall, young branchlets yellow-brown, old branchlets dark brown, leaf blade narrowly elliptic, racemes	
29	*Symplocos fordii*	Shrubs in mixed forests; 500m	May-Nov	Shrubs to 2m tall, branchlets dark brown, leaf yellow-green when dry, corolla white	
30	*Symplocos glandulifera*	Trees, slopes in mixed forests; 1400–2000m	Feb-Oct	Leaf thinly leathery, green when dry, inflorescences a glomerule, corolla white	

strong bioactivities (Wu et al., 2014). Numerous chemical composition can be found in *Symplocos* plants, such as triterpenoids, flavonoids, alkaloids. And it can be used to fight AIDS, cancer and have a great effect on curing disease (Inoryi et al., 1973; Lin et al., 1996; Ruchi et al., 2010). Besides, the recorded species may provide the possibility to supplement household income of local people with limited cash income opportunities. They also can provide oil-bearing seeds, valuable commercial resin or gum, and hard wood, which is considered as a very important group by the indigenous peoples in China for its economics purposes.

Symplocaceae Germplasm Resources of Ornamental Plants

About 15, 000 species of vascular plants from China have been widely cultivated in the different landscapes. Here we recommend 30 species of Symplocaceae, which have rich germplasm resources. Some species, such as *Symplocos heishanensis*, are planting in the remote mountains in China for introduction. Based on our survey, we should strengthen the protection of wild plant resources. Before we apply these plants as landscape plants, the biological and ecological characters of these plants should be fully understood and utilized (Chen et al., 2010). Thus, collecting and increasing plants species should not ignore. Those endangered species should be protected in their original regions to prevent germplasm resources. And they may have great potential for development in urban areas.

Symplocaceae for Ecological Construction

Species in Symplocaceae have wide prospects in recovering harsh conditions, such as highway slopes. Thus, they have strong ability in adapting different environments. They could be grown in hardy, drought, poor soil, or polluted environment. Some species with lush foliage or colorful fruit have been used as aesthetic trees while their ornamental features have been well recognized by the public. In landscaping, combining evergreen with deciduous plants can improve city environment and make it more beautiful. What's more, from the perspective of plant community, not only can it increase the utilization of energy and land, but also it can enrich species diversity and improve the stability of plant structure.

Issues of Conservation

Various human activities such as habitat destruction caused species in Symplocaceae decreasing in recent years. Some species are listed in the China Red Data Book, such as *Symplocos ovatilobata* and *Symplocos pilosa*. They are beautiful ornamental plants cultivating in garden or along the street. Unsustainable collecting with good market price caused them rare and endangered. And also have a great impaction on the conservation of traditional knowledge. With multiple values, a lot of plants in this family have decreased or disappeared. And younger generation may have known a little about them, causing the loss of traditional knowledge. Therefore, systematic documentation of indigenous knowledge and biological resources is of great significance (Acharya et al., 2009). Wild collection should be forbidden. Thus, rare and endangered species in Symplocaceae will be conserved by using them in garden and horticulture. Relevant laws and policies also should be formulated to protect the traditional knowledge of ethnic areas.

CONCLUSION

The article is an ethnobotanical study on ornamental plants used by Chinese people. We documented 30 species belonging to Symplocaceae. For abundant resources, China has a unique advantage for developing and utilizing local species, such as *Symplocos laurina*, which is used as aesthetic trees and fences. *Symplocos lancifolia*, cultivating along street in urban city, has a great effect on improving air quality. Some Symplocaceae species, with colorful fruit, make them special when compared with other species. The fruit of *Symplocos heishanensis* is purple when it matures. On one hand, it can enrich the color of landscape. On the other hand, it can be cut branches as the material of floral decoration.

In addition to aesthetic values, many recorded plants have medicinal and other uses that are important in local culture. Local knowledge on ornamental Symplocaceae species is diversified and influenced by local people. In order to properly utilize the natural resources, we should properly exploit and improve management of ornamental plants. Thus, government policies should encourage the local people to protect biodiversity and traditional knowledge. And we believe that many other species and their closely relatives with great ornamental potential in the wild can be discovered in the future.

ACKNOWLEDGEMENTS

We thank all local people interviewed in Guangxi, Guangdong, Fujian, Hunan, Yunnan and Jiangxi, including leaders and local guides. We are also grateful to ethnobotanical innovation group at Minzu University of China. This study was supported by the National Natural Science Foundation of China (31400182, 31400192 & 31161140345), the Ministry of Education of China (B08044, YLDX01013 & 2015MDTD16C), and the Ministry of Science & Technology of China (2012FY110300).

Literature Cited

[1] ACHARYA R, ACHARYA K P. Ethnobotanical study of medicinal plants used by Tharu community of Parroha VDC, Rupandehi district, Nepal. Scientific World [J], 2009, 7: 80–84.

[2] ALEXIADES M N, SHELDON J W. Selected guidelines for ethnobotanical research: A field manual [M]. New York Botanical Garden, 1996.

[3] CHAMBERS R. The origins and practice of participatory rural appraisal. World Development [J], 1994a, 22(7): 953–969.

[4] CHAMBERS R. Participatory rural appraisal (PRA): Challenges, potentials and paradigm. World Development [J], 1994b, 22: 1437–1454.

[5] CHEN F Z, ZHENG W, TAN Q. Introduction about indigenous ornamental plant resources in Tianzi Hill of Wuhan City and application suggestions. Journal of Landscape Research, [J], 2010, 2(1): 62–65.

[6] INORYI H, TAKEDA Y, NISHIMUNA H. On the lignan glucosides of *Symplocos lucida*. Yakugaku Zasshi [J], 1973, 93(1): 44–46.

[7] LIN L C, TSAI W J, CHOU C J. Studies on the constituents of *Symplocos lancifolia*. Chinese Pharmaceutical Journal [J]. 1996, 48(6): 441–449.

[8] LONG C, WANG J R. The Principle, method and application of participatory rural assessment [M]. Kunming: Yunnan Science and Technology Press, 1996.

[9] WU S B, LONG C L, KENNELLY E J. Structural diversity and bioactivities of natural benzophenones. Natural Product Reports [J], 2014, 31(9): 1158–1174.

[10] RUCHI B, DEEPAK K S, SUDHIR K K. Rawatu Chemical constituents and biological applications of the genus *Symplocos*. Journal of Asian Natural Products Research [J]. 2010, 12(11/12): 1069–1080.

Taxonomic Revision of the *Symplocos kuroki* Nagam. Complex (Symplocaceae) with Special Reference of Fruit Morphology

Running head: Taxonomic Revision of *Symplocos kuroki* Complex

Bo Liu[1,2,3] Hai-Ning Qin[2] *

1 (*State Key Laboratory of Systematic and Evolutionary Botany, Institute of Botany, Chinese Academy of Sciences*, Beijing 100093, China); 2 (*Key Labortary of Biodiversity Informatics, Institute of Botany, Chinese Academy of Sciences*, Beijing 100093, China); 3 (*Graduate University of Chinese Academy of Sciences*, Beijing, 100049, China)

Abstract Over 64 species and infraspecific taxa have been described in *Symplocos kuroki* Nagam. complex (Symplocaceae), and the taxonomy of this complex has been controversial. To provide a rational taxonomic revision of the complex, extensive field observations were conducted and a total of ca. 1000 herbarium specimens that covers the whole range were examined to evaluate the taxonomic importance of morphological characteristics. As a result, 13 species and 1 subspecies are recognized: *S. boninensis*, *S. crassifolia*, *S. henryi*, *S. kawakamii*, *S. kuroki*, *S. migoi*, *S. multipes*, *S. pergracilis*, *S. setchuensis*, *S. shilanensis*, *S. tanakae*, *S. tetragona*, *S. theifolia* and *S. crassifolia* subsp. *howii* comb. nov. One new combination is made and one new synonym—*S. ernestii* var. *pubicalyx* syn. nov. is recognized. A key for whole species determination is provided. Detailed morphological descriptions and geographical distribution of the 14 taxa are given.

Keywords fruit morphology　Symplocaceae　*Symplocos kuroki* complex　taxonomy

---

* Author for correspondence. E-mail: hainingqin@ ibcas. ac. cn
Tel: 13466616881; Fax: 010-62590843

INTRODUCTION

The genus *Symplocos* Jacq. is firstly established by Jacquin(1760), it is composed by approximately 320 species worldwide(Fritsh P W et al., 2008).

The *S. kuroki* Nagam. complex belongs to subgenus *Symplocos* Jacq. sect. *Lodhra* G. Don. It is a group of closely related species with morphological similarities that distributes in Bhutan, Cambodia, China, India, Indonesia, Japan, Laos, Malaysia, Myanmar, Thailand and Vietnam. It differs from the other species in the section in having glabrous twigs, adaxially prominent midvein and long white hairs on the disk(Fritsh P W et al., 2006, 2008).

The current taxonomy of this complex is disputed and inconsistent, due to the morphological attributes for underlying the separation of the taxa inside the group are scanty, and the author's methodologies and concepts applied to the works are different.

It is difficult to get enough specimens for covering the whole variation and distribution range of this complex. Furthermore, the available herbarium specimens usually lack flowers and / or mature fruits. Besides, collecting the living materials of some taxa in the field is difficult, for they distributed sparsely or with small populations, such as *S. henryi*, *S. tetragona* and *S. boninensis*.

Since the first name *Laurus lucidus* Thunb. [=*Symplocos lucida*(Thunb.) Siebold & Zucc.] described by Thunberg(1784), 64 taxonomic names have been published for species and infraspecific taxa of *S. kuroki* complex. As shown in Table 1, a comparison of different treatments is presented, and the number of species of the complex is varied largely by different authors.

Brand(1901) recognized 7 species in the complex in his contribution of Symplocaceae to Engler Das Pflanzenreich, he subject *S. crassifolia*,

S. japonica, *S. phyllocalyx* and *S. setchuensis* to subg. *Hopea* (L. f.) Clarke sect. *Palaeosymplocos* Brand; *S. acutangula*, *S. henryi* and *S. theifolia* to subg. *Hopea* (L. f.) Clarke sect. *Bobua* (DC.) Brand. The stamens of the former section are conspicuously pentadelphous. The species are also distinguished by stamen characters: number of stamens was recognized as a significant character for species circumscription.

Hand. -Mazz. & Peter-Stibal (1943) made a revision of Chinese *Symplocos*. They recognized 10 species in *S. kuroki* complex, including *S. ernesti*, *S. setchuensis*, *S. sinuata*, *S. discolor*, *S. phyllocalyx*, *S. acutangula*, *S. theifolia*, *S. multipes*, *S. henryi* and *S. crassifolia*. They are all placed into subg. *Eosymplocos* Hand. -Mazz. sect. *Palaeosymplocos* Brand. based on the same characters: stamens pentadelphous, ovary pilous and midvein prominent on the upper surface. The characters he utilized to classify the species within the complex are shapes of leaves, number of stamens and types of inflorescences.

The truly worldwide revision of *Symplocos* was made by Nooteboom (1975, 2005), he recognized only 2 species in this complex: *S. kuroki* and *S. boninensis*, all other species proposed by Brand (1901) and Hand. -Mazz. & Peter-Stibal (1943) in this complex were reduced to the synonyms of *S. kuroki*, including some obviously vegetative distinct entities in the complex. He considered the different types of inflorescences: glomerule, raceme and spike inflorescences as just continuous variation in this complex, he paid no attention to the fruits anatomy characters inside the complex, either.

The limitations for his revision are: firstly, the revision was based on the examination of a limited number of herbarium specimens listed in his monograph (Nooteboom, 1975), most specimens he examined was focused on 4 specimen-abundant species, including *S. crassifolia*, *S. kuroki* s. s. , *S. setchuensis* and *S. theifolia*, for other not frequently seen species, he only checked the type specimens; secondly, he only went to Thailand, Malaysia and West Java(Indonesia) for collecting *Symplocos* species in the field as referred in his monograph (1975), consequently, except for few populations for *S. theifolia* and *S. crassifolia* in tropical area, he didn' t see other species in the wild, this is not enough to study variability within species.

Wu disagreed with the disposition of Nooteboom (1975), she recognized 7 species in China, mainly using inflorescence characters as diagnosis characters, she mostly agree with Hand. -Mazz. & Peter-Stibal (1943), subg. *Hopea* sect. *Palaeosymplocos*, while, she reduced *S. sinuata* and *S. acutangula* to the synonym *S. setchuensis*, *S. ernesti* and *S. discolor* to the synonym of *S. phyllocalyx*, which are distinguished only by the small differences among leaf shapes and sizes. But later when she co-operated with Nooteboom in *Flora of China* (1996), in this book, she totally accepted Nooteboom's opinion (1975) and reduced the 7 species described in *Flora Reipublicae Popularis Sinicae* to synonyms of Japanese endemic species *S. kuroki* s. s. *S. crassifolia*, *S. henryi*, *S. multipes*, *S. tetragona*, *S. setchuensis*, *S. theifolia* and *S. phyllocalyx* (5 species endemic in China, the other two endemic in East Asia) (Wu R F, 1987).

Nagamasu (1993, 2006) conducted a comprehensive research, he recognized 6 species of this complex in Japan according to leaf size, fruit shape and number of flowers on each inflorescence, he also rectified the name *S. lucida* to *S. kuroki* because the heterogeneity of 2 earlier homonyms, *S. lucida* Wall. & G. Don and *S. lucida* Siebold & Zucc. He wrote the Symplocaceae in *Flora of*

Taiwan (1996) and recognized 3 species of this complex in Taiwan, *S. setchuensis* and two new species: *S. migoi* and *S. shilanensis*. They all belong to subg. *Hopea* sect. *Palaeosymplocos* Brand. However, Wang (2000) disagree with Nagamasu's disposition, he recognized 2 species and 1 subspecies, he reduced *S. setchuensis* and *S. migoi* to the synonyms of *S. kuroki* s. s., also admitted *S. shilanensis* and *S. japonica* var. *nakaharae* in Taiwan.

Finally, Nooteboom (2005) make a supplement of his previous work and complete his worldwide revision of Symplocaceae, he recognized only 2 species in this complex: *S. boninensis* and *S. kuroki* s. l. as he did in 1975. He also expressed his views in other floras and books related to the complex, such as *Flora of Taiwan*(1976), *Flora Malesiana*(1977)and so on.

In general, the specimens in this complex are superficially vegetative similar when they are mounted for herbaria. Former writers Ying(1975), Wu & Huang(1987), Wang(1999; 2000)and Zhou et al. (2006) only pay attention to local taxa without a comprehensively worldwide revision, while the worldwide revision made by Nooteboom(1975, 2005) hold a totally different view of the definition of "species" against former authors, his species concept was so broad that his classification was not accepted by other taxonomists. Ying (1975, 1987), Nagamasu(1996) and Wang(1999) all showed disagreement in their articles for the improper disposition of Symplocaceae made by Nooteboom (1975).

In Nooteboom's monograph(1975), the fruit characters and their variation in many species of Southeast Asia have not been described in sufficient detail (Mai D H & Martinetto E, 2006), the great variation of different taxa inside this complex has not been fully considered. All is leading to the confusion for everybody who tries to identify with *S. kuroki* complex. All referred before has made the delimitation of *S. kuroki* complex controversial and several taxa have been described in order to accommodate morphological variants which differ in some way from the typical forms. Many have no taxonomic significance. This has also sometimes produced confusion in plant identification, while the identity of *S. kuroki* complex is important because it and related species are important constitute of subtropical forest in Asia, so further investigation and revision of the *S. kuroki* complex is required.

So is the *S. kuroki* complex composed of 2 polymorphic species or can more than 2 taxa be recognized? To answer this question and to prove support for a taxonomic revision of the group, it is needed for a comprehensive study of the group throughout its distribution area, the present study are thus to gather comprehensive information, reveal the variation patterns of morphological characters and make a revaluation of micro- and macro-morphological characters to obtain a taxonomic rearrangement of this complicated group.

MATERIALS AND METHODS

We have studied the morphology, distribution and habitants of *S. kuroki* complex in the field from 2007 to 2010 at as many sites as possible throughout the entire known range. We observed it in the field in China: Chongqing, Fujian, Guangxi, Guizhou, Hubei, Hunan, Jiangsu, Jiangxi, Shanghai, Shannxi, Sichuan, Yunnan and Zhejiang. We also got the specimens with live plant photos from China (Taiwan) and Japan.

We consulted the original descriptions and analyzed the type collections of each species described for the group.

We also carried out comprehensive bibliographic research on the taxonomy of this complex. We studied more than 1,000 specimens from the following 38 herbaria: A, B, BM, CDBI, CGE, CQBG, E, G, GH, HAST, HHBG, HIB, HWA, I, IBSC, K, KUN, KYO, L, LBG, N, NAS, NY, PE, SAUF, SING, SM, SWAU, SZ, TI, TNS, TOFO, UC, UPM, W, WH and YL. Herbarium abbreviations follow *Index Herbariorum* (Holmgren P K & Holmgren N H, 1998).

A subset of 80 specimens was selected to serve as operational taxonomic units for fruit anatomy experiment (Table2). Fruits are selected from mature, complete specimens of living or herbarium specimens in good conservation state, later observed under Nikon stereo microscope SMZ1000 and then pictured by Nikon Digital camera DXM1200F. A list of voucher specimens and localities is given in Table 1. The mature fruits were examined by dissecting scope and at least 5 fruiting samples for each taxon were chosen to cover the range of variation (Except for *S. henryi*, only 3 fruiting specimens are known till now).

For pollen SEM observations, pollens of the 14 taxa were collected from the dry specimens and some from liquid-preserved specimens, at least 3 flowering specimens for each taxon were chosen to carry on the experiment, and the pollen grains were dehydrated through an ethanol series and treated with critical point drying by solvent-substituted liquid CO_2. After being coated with gold, they were observed with a Hitachi S-4800 scanning electron microscope. The terminology follows Erdtman (1952), Van der Meijden (1970), Barth and Nagamasu (1989a, b).

RESULTS

We present a taxonomic revision of the complex including a key to species, description, and representative specimens. The new characters are added in the taxonomic descriptions, including the numbers of locules, the relative proportions of the pericarp layers, the thickness and the degree of lignifications of the mesocarp and endocarp.

1 Infructescences

The infructescences of *S. kuroki* complex are axillary, simple or sometimes branched at the base forming a branched raceme, or a branched spike. During anthesis, the flowers with a bract and 2 bracteoles at the base of flower. Bracts and bracteoles often keeled, caducous.

1.1 Types of Infructescences

Ⅰ. Glomerule: infructescences condensed, axis invisible.

Only *S. setchuensis* is included;

Ⅱ. Spike: infructescences contracted, branched or not, the axis of branches is visible, bears non-pedicellate fruits.

S. pergracilis, *S. boninensis*, *S. kawakamii*, *S. theifolia*, *S. migoi*, *S. shilanensis*, *S. tanakae*, *S. kuroki* and *S. tetragona* are included.

Ⅲ. Raceme: infructescences unbranched, bears pedicellate fruits, pedicle 3–6mm long.

S. crassifolia, *S. crassifolia* subsp. *howii*, *S. henryi* and *S. multipes* are included.

1.2 Length of Infructescences

The length of infructescences also varied a lot, from(0–)0.6–3(–8)cm long, *S. setchuensis* has no peduncle, *S. tetragona* is noteworthy the longest, range 4–8cm long, while other species are in the same range: 0. 6–3cm long.

1. 3 Number of Fruits on Each Infructescences

The fruits on each infructescence range from 1–8(–40). *S. tetragona* also owns biggest number of fruits on one infructescence: 10–40. Other species are slightly different on the number of fruits on each infructescence, range from 1–8.

2 Fruit Shape and Size

The fruit is a monopyrenous drupe(Fig. 1A–N); the shapes of fruit are ± globule in *S. tanakae* (Fig. 1L) and *S. kawakamii* (Fig. 1E), ellipsoid to obovoid in other species. Calyx lobes persistent, erect or spread, with the exception of *S. boninensis* (Fig. 1A) bending inwards calyx. Outer part of mesocarp fleshy, blue, bluish black, dark blue or purple in *S. shilanensis* (Fig. 1K) when ripe.

Fruit dimensions vary significantly among the examined taxa. The biggest is *S. henryi*, 35×20mm (Fig. 1D), the second largest is *S. boninensis*, (20–25) mm× (10 – 13) mm (Fig. 1A), and then the narrowly ellipsoidal fruit of *S. pergracilis* [(18–25)mm×(7–12)mm]. Other fruits are of almost the similar size, measuring (8–15)mm×(4–8)mm.

3 Transverse Section of Fruits

3. 1 Shapes of Transverse Section

The transverse section of *S. boninensis* (Fig. 2A) is triangle, easy to be distinguished from the almost round shape of other species. In polar view, the surface of *S. boninensis* has 3 ridges; other species are round-shaped in polar view.

3. 2 Locules

Only *S. kuroki* s. s. is 2-loculared, others have 3 equivalent or unequivalent locules. Some locules of ovary in anthesis are not all developed in fruits.

They can be divided into 4 types:

Ⅰ. With 3 equal locules: *S. setchuensis* (Fig. 2J), *S. tetragona* (Fig. 2M), *S. crassifolia* (Fig. 2B), *S. crassifolia* subsp. *howii* (Fig. 2C), *S. shilanensis* (Fig. 2K), *S. migoi* (Fig. 2G), *S. pergracilis* (Fig. 2I), *S. tanakae* (Fig. 2L), and *S. kawakamii* (Fig. 2E).

Ⅱ. With 3 unequal locules but all developed: *S. multipes* (Fig. 2H), *S. henryi* (Fig. 2D).

Ⅲ. With 3 unequal locules with 1 or 2 fertile: *S. theifolia* (Fig. 2N).

Ⅳ. With 2 equal locules: *S. kuroki* s. s. (Fig. 2F).

4 Stones

The stones in this complex are globose, ellipsoidal, ovoid or trigonous, and comprise three clearly distinguishable zones: the exocarp, the mesocarp, and the endocarp.

As shown in Fig. 2, great diagnostic and systematic valuable characters of stones are the surface morphology of mesocarp, the texture of endocarp and the division of stones.

4.1 The Surface Morphology of Mesocarp

Ⅰ. Mesocarp smooth.

S. theifolia (Fig. 2N), *S. multipes* (Fig. 2H), *S. shilanensis* (Fig. 2K), *S. migoi* (Fig. 2G) and *S. kuroki* s. s. (Fig. 2F) are included;

Ⅱ. Slight striate or striate on the surface of stones.

S. tetragona (Fig. 2M), *S. boninensis* (Fig. 2A), *S. kawakamii* (Fig. 2E) and *S. henryi* (Fig. 2D) are included;

Ⅲ. Deep longitudinally grooved and edged on stones.

S. crassifolia (Fig. 2B), *S. crassifolia* subsp. *howii* (Fig. 2C) and *S. tanakae* (Fig. 2L) are included.

4.2 The Texture of Endocarp

Ⅰ. Chartaceous in *S. theifolia* (Fig. 2N), *S. multipes* (Fig. 2H), and *S. shilanensis* (Fig. 2K),

Ⅱ. Stony in *S. henryi* (Fig. 2D), *S. pergracilis* (Fig. 2I) and *S. boninensis* (Fig. 2A).

Ⅲ. Woody in *S. crassifolia* (Fig. 2B), *S. crassifolia* subsp. *howii* (Fig. 2C), *S. kawakamii* (Fig. 2E), *S. kuroki* s. s. (Fig. 2F), *S. migoi* (Fig. 2G), *S. setchuensis* (Fig. 2J), *S. tanakae* (Fig. 2L) and *S. tetragona* (Fig. 2M).

4.3 The Division of Stones

Ⅰ. Integrative stones.

S. pergracilis (Fig. 2I) and *S. boninensis* (Fig. 2A) are included;

Ⅱ. Half divided stones.

S. tetragona (Fig. 2M), *S. theifolia* (Fig. 2N), *S. multipes* (Fig. 2H), *S. henryi* (Fig. 2D), and *S. shilanensis* (Fig. 2K) are included;

Ⅲ. Totally divided stones.

S. setchuensis (Fig. 2J), *S. crassifolia* (Fig. 2B), *S. crassifolia* subsp. *howii* (Fig. 2C), *S. migoi* (Fig. 2G), *S. kuroki* s. s. (Fig. 2F), *S. tanakae* (Fig. 2I) and *S. kawakamii* (Fig. 2E) are included.

5 Pollen Morphology

A general description of *S. kuroki* complex pollen, based on the material, runs as follows: grains simple, oblate in equatorial view, mostly semi-angular in polar view, 3- or rarely 2- or 4-aperturate, isopolar, average size 30μm, but varying between 20 – 70μm. Endexine is always consisted by two layers. Endexine−1 structureless or granulate around apertures, either thickened or not at equatorial sides of apertures.

As shown in Fig. 3, the pollen grains can be divided into 2 distinctive types:

Type I: echinate pollen

Grains 3-porate, circular in equatorial view, semi-angular in polar view. Supratectal ornamentation regulate with spinules. Columella layer reduced, invisible or nearly so. Tectum not thicked. The outline of ektoaperture vague.

S. theifolia (Fig. 3A1−3A3) is included.

Type II: scabrate pollen

Grains 3-colporate, suboblate in equatorial view, semi-angular to angular in polar view. Supratectal ornamentation densely and finely verrucate. Columella layer distinct. Tectum obviously thicked. The outline of ektoaperture obvious.

S. tetragona (Fig. 3B1 – 3B3), *S. crassifolia*, *S. setchuensis*, *S. henryi*, *S. multipes*, *S. tanakae*, *S. kuroki* s. s., *S. boninensis*, *S. kawakamii*, *S. pergracilis*, *S. crassifolia* subsp. *howii*, *S. tanakae*, *S. migoi* and *S. shilanensis* are included.

DISCUSSION

The present study sought to provide useful information by applying the morphology approach with special reference to fruit anatomy and the pollen morphology to make analysis in *S. kuroki* complex.

Data on features of fruit morphology have been reported to be useful for taxonomy in numerous plant groups of angiosperms with the aim of elucidating problems involving species complex. For Symplocaceae, these methods were used to circumscribe species in Mai & Martinetto(2006).

However, the fruit characters and their variation in many species of *S. kuroki* complex have not been described in sufficient detail by former authors. In previous studies, the study the of this complex often concentrated mainly on the size, shape of leaves and number of stamens, while fruit anatomy in this complex was always neglected or imperfectly studied, only Nagamasu (1987, 1993) and Nooteboom(1975) refered to it: Nagamasu regarded shapes of seed and stone characters are important in recognizing species groups of Symplocaceae in Japan, meanwhile, Nooteboom considered the fruit of Symplocaceae provides good characters, but he only described fruit morphology of some represent species.

As shown in the Table 3, Fig. 1A–1N and Fig. 2A–2N. Their potential taxonomic value is considered, great variations showed here, the morphology of fruits can provide relatively stable character sets which are valuable for comparative studies at species level of the taxonomic hierarchy. Combinations of characters often have to be applied to separate taxa, although fruit morphology alone is proved to be diagnostic in several species of this group.

As mentioned above, Nooteboom(1975, 2005) considered the 3 different types of inflorescences(glomerule, spike and raceme), and the length of inflorescence as just continuous varied characters and has no taxonomic value.

While, the author examined massive specimens, observed some field populations and cultivated species, all show the stability of the inflorescences type and length.

The author observed and recorded 3 species cultivated in Hangzhou Botanical Garden in Zhejiang Province in China, there are 3 individuals of *S. setchuensis*(glomerule), 6 individuals of *S. tetragona* (spike 4-8cm long) and 2 individuals of *S. theifolia*(spike to 1cm long) introduced from adjacent areas in 1980s, the author recorded their fully phenology and discovered that in the whole period of flowering and fruiting of the 11 individuals, *S. theifolia* has simple unbranched spike, the inflorescence never longer than 1cm, nor condensed to a glomerule without pedicel or peduncle like *S. setchuensis*; while spikes of *S. tetragona* are much longer and many-branched, to 4 - 8cm long. *S. setchuensis* blossoms at the beginning of Feb, 10 days earlier than *S. tetragona* and 20 days earlier than *S. theifolia*(Fig. 4).

Without inflorescence, the 3 species can also readily be distinguished, *S. theifolia* owns papery endocarp, with 1 or 2 locules degenerated, the other 2 species has stony endocarps. *S. tetragona* has a much bigger leaves [(12-20) cm×(4-8)cm long vs (8-12)cm×(2-3)cm long]. The anthesis is also an important character, *S. boninensis*, *S. pergracilis* and *S. kawakamii* are endemic to the Bonin Isls., they flowers in Oct-Dec, *S. tanakae* in Oct-Nov, *S. kuroki* s. s. in Dec-Feb, the former 5 species endemic in Japan are all contracted spikes to 1cm long; in Taiwan, *S. migoi* flowers in Dec-Feb, *S. shilanensis* flowers in Aug-Oct, they are contracted spikes too, reproduction isolated from each other; in mainland China, 4 endemic species, *S. setchuensis* with glomerule flowers in Feb-Apr, *S. tetragona* with spike flowers in Feb-Apr, 2 species with raceme: *S. multipes* in Mar-Apr, while *S. henryi* in Sep-Oct; 2 widespread species *S. theifolia* and *S. crassifolia* are quite different, spike vs raceme, anthesis Mar-May vs. Jun-Nov.

So, the anthesis of recognized species can be a good proof to prove the inflorescence type should not be a continuous variation; meanwhile, the inflorescences bear fruit with different structures.

Our findings lead us to conclude that the types and length of inflorescences are taxonomically important; they can be added to other combined characters to separate species inside the complex.

For the fruits, we dissected a series of specimens from florescence to fruiting period to discuss the development of ovary in this group, the results are that the number of locules are stable inside species during the growth course, and the degenerated locules in some species are formed since the florescence, so the two characters can be used as identification and delimitation of the taxa in this study.

Species in Symplocaceae always own an ovary with 2–5 locules, most species has 4–locular ovary in Europe; while in Asia, only 3 species own 2–locular ovary: *S. paniculata*, *S. chinensis* and *S. kuroki* s. str. (Fig. 2F), they bear 2 equally developed locules, no regenerated locule exists. *S. paniculata* and *S. chinensis* are the only deciduous species and probable most advanced taxa in Symplocaceae according to the life form, morphology and fossil records (Kirchheimer F, 1949). Other species in Asia all have 3–locular ovary equally or unequally divided.

In the complex, *S. kuroki* s. str. is the only species that has 2–locular ovary, *S. boninensis* (Fig. 2A) and *S. multiples* (Fig. 2H) have unequal locules, other species have equal locules.

For the palynological study, former authors made wrong identifications so as to made wrong conclusions for the pollen morphology of the complex. Erdtman (1952) reported *S. setchuensis* owns echinate pollen type, after examined the specimen he used for experiment [CHINA. Guizhou Prov.: Mt. Fanjing, 20. xii. 1930 Tsiang Ying 7746 (NAS!)], the author re-determined it to *S. theifolia*.

R. Van der Meijden (1970) based on the species concept of Nooteboom (1975), only scabrate pollen was reported in the complex, so they made the wrong conclusion that: "It is curious that the occurrence of echinate pollen is restricted to East Malaysia, the New Herbrides, and Fiji".

The author re-examined pollens from the 14 taxa in the complex, the overall impression which resulted is that within the complex a peculiar pattern of variation is found in *S. theifolia* which is distinctly different from the other species in the *S. kuroki* complex in its supratectal ornamentation regulate with spinules (2–3μm), columella layer reduced and tectum not thicked.

With the speculation that the spinule ornamentation might be those of developed stage of scabrate ornamentation, the author selected a series of pollen grains from bud stage to the nearly wilt flower in *S. theifolia*, results show that the spinules stay the same number and length without shedding off accompanied with the growth of anther sac. So the ornamentation could be a stable character for identification.

The echinate pollen also occurs in *S. whitforedii*, *S. cochinchinensis* ssp. *leptophylla* and so on, the scabrate pollen occurs in *S. racemosa*, *S. sumuntia* and so on. Species with the same pollen type are not always morphologically resembled. Consequently, the pollen has taxonomic value for the recognition of species, but it can't be applied to express the affiliation of species in the complex.

Identification Key for *S. kuroki* Complex Based on Flowers

1a. Inflorescences racemes

2a. Leaf blades 15–20cm long, 5. 5–8cm wide; petiole 1. 6–2. 2cm long …… 4. *S. henryi*

2b. Leaf blades shorter than 15cm, narrower than 4cm; petiole 0. 4–0. 8cm long

3a. Stamens 20–25 in number; leaves sharply serrated …………………… 3. *S. multipes*

3b. Stamens 30–80 in number; leaves crenate-serrated ……………………………… 4

4a. Leaf blades thick, leathery; stamens 60–80; mesocarp angulated consciously, 8–12 ribbed ………………………………………… 2a. *S. crassifolia* subsp. *crassifolia*

4b. Leaf blades thin, papery; stamens 30–60; mesocarp slightly undulate ……………………………………………………… 2b. *S. crassifolia* subsp. *howii*

1b. Inflorescences spikes or glomerules

5a. Flowers 1–3 from a leaf axil

6a. Stamens 35–50; leaf margins recurved ……………………………… 7. *S. shilanensis*

6b. Stamens 60–120; leaf margins flat

7a. Twigs slender, often zigzag; stamens 100–120; leaf blades 3–6cm long …………………………………………………………………… 10. *S. pergracilis*

7b. Twigs thick, not zigzag; stamens 60–100; leaf blades 6–9cm long, lateral and reticulate veins prominent adaxially ………………………………… 11. *S. boninensis*

5b. Flowers in more than 3-flowered inflorescences

8a. Inflorescences sessile, condensed to glomerules …………………… 6. *S. setchuensis*

8b. Inflorescences branched spikes

9a. Leaf blades 13–20cm long, 4. 5–8cm wide; inflorescences 4–8cm long, with 15–25 fruits on each inflorescence ………………………………………… 5. *S. tetragona*

9b. Leaf blades 3–12cm long, 1. 5–4cm wide; inflorescences 0. 5–2cm long, with 1–6 fruits on each inflorescence

10a. Stamens 60–90 in number

11a. Twigs conspicuous ridged, nearly winged; leaves revolute, upper surface rugose, lateral and reticulate veins impressed adaxially …… 12. *S. kawakamii*

11b. Twigs slight terete or ridged; leaves not revolute, upper surface flat, lateral and reticulate veins prominent adaxially ························ 13. *S. tanakae*

10b Stamens 15-60 in number

12a. Ovary 2-locular ·· 9. *S. kuroki*

12b. Ovary 3-locular

13a. Stamens 15-50, lateral veins 6-8 per side ····················· 1. *S. theifolia*

13b. Stamens 50-60, lateral veins 8-12 per side ·················· 8. *S. migoi*

Identification Key for *S. kuroki* Complex Based on Fruits

1a. Infructescence racemes.

2a. Leaf blade 15-20cm long, petiole ca. 2cm long; fruit 3-4cm long, 1. 8-2. 5cm diam. , endocarp ca. 5mm thick ·· 4. *S. henryi*

2b. Leaf blade 4-12cm long, petiole 0. 3-0. 8cm long, fruit 0. 4-1. 2cm long, 0. 6-0. 8cm diam. , endocarp ca. 1mm thick ··· 3

3a. Leaf margin sharp serrated, stones smooth, endocarp chartaceous ········ 3. *S. multipes*

3b. Leaf margin often entire, stones have longitudinally grooves, endocarp stony ········ 4

4a. Leaf blades thick, leathery; mesocarp angulated consciously, 8-12 ribbed ··· 2a. *S. crassifolia* subsp. *crassifolia*

4b. Leaf blades thin, papery; mesocarp slightly undulate ··· 2b. *S. crassifolia* subsp. *howii*

1b. Infructescence spikes or glomerules

5a. Infructescencel glomerules ·· 6. *S. setchuensis*

5b. Infructescence spikes ··· 6

6a. Fruit 2-locular ··· 9. *S. kuroki*

6b. Fruit 3-locular ··· 7

7a. 1 or 2 locules of fruits often smaller or even degenerate, mesocarp chartaceous ··· 1. *S. theifolia*

7b. All locules develop almost at the same size, mesocarp woody or stony ··········· 8

8a. Infructescence a long spike, 4–8cm long, with 15–25 fruits on each infructescence ·· 5. *S. tetragona*

8b. Infructescence a contracted spike, 1–2cm long, with 1–6 fruits on each infructescence ·· 12

9a. Fruit 2–3cm long, 0. 8–2cm in diam.

10a. Twigs slender, often zigzag; fruit length/ fruit diam. >2, mesocarp forms a pyrene ·· 10. *S. pergracilis*

10b. Twigs thick, not zigzag; fruit length/ fruit diam. <2, mesocarp divided into 3 pyrenes ·· 11

11a. Leaf blades (2–5) cm×(0. 7–2) cm, margin revolute, upper surface rugose, lateral and reticulate veins impressed adaxially; twigs conspicuous ridged, nearly winged ·· 12. *S. kawakamii*

11b. Leaf blades (6–9) cm×(2–2. 5) cm, margin not revolute, upper surface flat, lateral and reticulate veins prominent adaxially; twigs slightly terete or ridged ·· 12

12a. Fruit cross section triangle, stone surface slight striate ·· 11. *S. boninensis*

12b. Fruit cross section round, stone surface with more than 10 longitudinally deep grooves ·· 13. *S. tanakae*

9b. Fruit 0. 5–1. 5cm long, 0. 4–0. 7cm in diam. ································ 13

13a. Leaves entire or with 2–3 pairs of teeth; nerves 4–5 pairs; stamens 35–50 ·· 7. *S. shilanensis*

13b. Leaves crenate-serrate; nerves 6–9 pairs; stamens 50–60 ·· 8. *S. migoi*

TAXONOMIC TREATMENT

We propose here the following new taxonomic treatment for the *S. kuroki* complex:

1. *Symplocos theifolia* D. Don, Prod. Fl. Nepal. 145. 1825. —*Eugeniodes theaefolium* O. K., Rev. Gen. Pl. 2: 409. 1891. —*S. racemosa* (non Roxb.) DC., Prod. 8: 255. 1844. Type: Nepal, Narainhetty, Hamilton (BM, not seen).

Dicalyx ciliates Blume, Bijdr. 1119. 1826. —*S. ciliata* Miq., Fl. Ned. Ind. 1 (2): 466. 1859; K. &V., Bijdr. 7: 155. 1900; Brand, Pfl. R. Heft. 6: 65. 1901. —*Eugeniodes ciliatum* O. K., Rev. Gen. Pl. 2: 975. 1891. Type: Java, Mt. Tjeremai, Blume 1598 (holotype: L! photo).

S. phyllocalyx Clarke, Fl. Br. Ind. 3: 575. 1882. Type: Sikkim, Hooker J. D. s. n. (lectotype: K!).

S. warburgii Brand, Pfl. R. Heft. 6: 66. 1901. Type: India, Nilgiri, Warburg 56 (B, not seen).

S. discolor Brand, Fedde Repert. Sp. Nov. 3: 216. 1906. Type: China, Yunnan, Delavay 4331 (isotype: K!).

S. wilsonii Brand, Fedde Repert. 3: 216. Dec. 1906 (*non* Hemsl. Jul. 1906). —*S. ernestii* Dunn, J. Linn. Soc. Bot. 34: 499. 1911. Type: China, W. Hupei, 24. iv. 1900, Wilson 58, (syntypes: A!, E!, K!).

S. loheri Brand, Philip. J. Sc. 7: 431. 1912. Type: Philippines, 6. iii. 1906, A. Loher 6192 (holotype: SING!).

S. xanthoxantha H. Lév., Bull. Géogr. Bot. 24: 283. 1914. Type: Mo - Tsou, 3000m, iv. 1913, E. E. Maire (holotype: E!).

S. coronigera H. Lév., Bull. Acad. Int. Géogr. Bot. 24: 283. 1914. Type: China, Kweichou, Ma-jo, 24. vii. 1907, Cavalerie 3106 (holotype: E!).

S. potaninii Gontsch., Not. Syst. Ross. 5: 100. 1924. Type: China, Szechwan, Mt. Omei, Potanin, 2-4-1893 (not seen).

S. elephantis Guillaumin, Bull. Soc. Bot. Fr. 71: 279. 1924; Fl. Gén. I. C.

3: 998. 1933. Type: Cambodia, Mts. de l'Eléphant. 20. v. 1921, Poilane 341 (isotype: A!, NY! photo).

S. ernestii var. *pubicalyx* C. Chen syn. nov., *Flora Yunnanica* (Tomus 16): Addenda. 2005. Type: China, Yunnan: Jingdong, M. K. Li 1209 (holotype: KUN!); China, Yunnan: Jingdong, 8. xi. 1963, Z. H. Yang et al. s. n. (paratype: KUN!).

Small evergreen trees or shrubs, to 15m high. Twigs green, glabrous, ridged. Petioles 6–12(–16)mm long; leaf blades leathery, (8–12)cm×(2–3) cm long, glabrous on both sides, base cuneate, margin subentire or serrated, apex long acuminate; midvein adaxially prominent, lateral veins 8 – 12 per side. Inflorescences basally branched spikes, 8–25mm long, axis puberulent; bracts and braclets persistent, broadly obovate, 1 – 3mm long, often glabrous. Calyx glabrous or puberulent, margin ciliolate, lobes orbicular. Corolla white, 3–5mm long, deeply 5–lobed. Stamens 15–50, pentadelphous or inconspicuous pentadelphous. Disc soft pilose. Drupes ellipsoid, (1 – 1.5) cm × ca. 0. 6cm, apex with erect or spread persistent calyx lobes, 3–loculed, 1 or 2 locules often fertile, stones surface smooth, half divided, form 1 deep parted pyrene, endocarp chartaceous.

Distribution and habitant: Bhutan, Cambodia, China (south of the Yangtze River), India, Indonesia, Laos, Malaysia, Myanmar, Nepal, Singapore, Thailand, Vietnam and Philippines occurring in mixed forests on slopes at below 2600m.

Phenology: Fl. Mar–May, fr. Jun–Aug.

Chinese vernacular name: 茶叶山矾 cha ye shan fan

Remarks: *S. theifolia* own has echinate pollen, adding to its chartaceous endocarp and fertile locules(Fig. 2N); it should be most easily separated from other species in the complex.

Wu(1987)considered it different from *S. phyllocalyx* mainly because the stones are not divided into 3 pyrenes and the stamens are not obvious pentadelphous. The author observed and made anatomy of many specimens, we found the 2 characters are not consistent among individuals, apart from that, they are indistinguishable, so they should be conspecific, according to priority, *S. theifolia* is a validate name.

S. ernestii var. *pubicalyx* was published based on its pubescence calyx in *Flora Yunnanica* (Gao X F, 2006), while, the pubescence should be carefully considered to serve as an identification character in Symplocaceae (Hardin J W, 1966), after examination of specimens referred in the original description and other specimens in KUN, we found the pubescence on calyx of *S. theifolia* is not an effective taxonomic character, even both glabrous and pubescence calyx were found in the same inflorescence, no obvious correlation exists between the pubescent calyx and the environment. As a result, it is disposed as a new synonym here.

***Representative specimens examined*: BHUTAN. Tongsa District:** 7. v. 2000, G. & S. Miehe 00-012-07 (A); 7. v. 2000, G. & S. Miehe s. n. (E); **Precise location unknown:** Griffith W. 2275 (E). Cambodia. Mts de l'Eléphant, Poilane M. 239 (K). **CHINA. Anhui Prov.**: Wucheng, Xiuning, 25. vi. 1959, anonymous 2549 (PE); **Chongqing:** Nanchuan, 1417m, 27. v. 2009, Bo Liu 168 (PE); Zhongdian, 7. viii. 1926, W. P. Fang 685 (PE); **Guangxi Zhuang Autonomous Region**: Mt. Damiao, Rongshui, 28. vi. 1959, Q. H. Lv 3295 (PE); **Guizhou Prov.**: Mt. Fanjing, Yinjiang,

2100m, 30. ix. 1931, Albert N. Steward, C. Y. Chiao & H. C. Cheo 486 (PE); Mt. Fanjing, Yinjiang, 20. xii. 1930, Y. Tsiang 7746(PE); **Hubei Prov.**: Mulinzi, Hefeng, 1485m, 17. v. 2009, Bo Liu 106 (PE); Jianshi, 21. vii. 1934, Ho-Chang Chow 1255 (PE); Jianshi, 16. x. 1934, Ho-Chang Chow 1754 (PE); Shennongjia, E – Shennongjia Exped. 22346 (PE); **Hunan Prov.**: Mt. Ziyun, Xinning, 1190m, 5. ix. 1984, Ziyunshan Exped. 764(PE); **Jiangxi Prov.**: Mt. Wugong, Pingxiang, 1400m, 7. ix. 1954, Jiangxi Invest. Team 1117 (PE); **Shanxi Prov.**: Tiewadian, Hanyin, 2000m, 17. ix. 1952, B. Z. Guo 2147 (PE); **Sichuan Prov.**: Jianwei, 13. vi. 2009, Bo Liu 180 (PE); Mt. Emei, 23. x. 1938, T. N. Liou 12240 (PE); Huayanding, Mt. Emei, 900m, 29. vii. 1957, G. H. Yang 56251 (PE); **Tibet Autonomous Region**: Motuo, 2600m, 23. ix. 1980, W. L. Chen 15128 (PE); **Yunnan Prov.**: Mt. Huanglian, Honghe, 1. vii. 2009, Bo Liu s. n. (PE); Mt. Yulong, Lijiang, 3000m, 14. xi. 1964, Z. H. Yang 101829 (PE). **INDIA. Sum forests, Darjeeling:** 3. i. 1950, anonymous 6622 (RRLH). **NEPAL. Central Development Region:** Narayani, 30. xi. 2004, Second Darwin Nepal Fieldwork Training Exped. B233 (A); Arun Valley, above Tashigaon, 25. ix. 1991, Edinburgh Makalu Exped. (1991) 19920059(E). **PHILIPPINES. Precise location unknown:** 14. i. 1999, Ingle Nina R. 592(E, K). **THAILAND. Doi Inthanon**: Nooteboom 832 (L).

2. *S. crassifolia* Benth., Fl. Honk. 212. 1861.

Small evergreen trees or shrubs. Twigs stout, yellowish green, glabrous, ridged. Petioles 8–15mm long; leaf blades thick leathery, ovate–elliptic, elliptic or narrowly elliptic, (6.5 – 10) cm × (2.5 – 4) cm long, glabrous on both sides, base cuneate, margin entire or occasionally with few glandular dentate, apex long acuminate; midvein adaxially prominent, lateral veins 6 – 10 per side. Axillary racemes 1–2cm long, middle or basal branched, 4–7–flowered; bracts persistent, oblong–ovate, bracelets persistent, triangle–ovate. Calyx puberulent outside, margin ciliolate, lobes orbicular or broadly ovate. Corolla white, 3–5mm long, deeply 5–lobed. Stamens 60–80, pentadelphous. Disc soft pilose, with 5 glandular. Drupes oblong–ovate or obovate, (1–1.5)cm×(0.5–0.8)cm long, apex with persistent erect calyx lobes, 3–loculed, all developed, equal, stones surface sharp ridged or undulate, fully divided into 3 pyrenes, mesocarp woody, endocarp stony, 2–3mm thick.

Distribution and habitant: Cambodia, China, Indonesia, Laos, Myanmar, Singapore, Thailand, Vietnam and Philippines, occurring in broad-leaf forests below 1800m.

1a. Blades thick leathery; stamens 60–80; mesocarp angulated consciously, 8–12 ribbed. ·· 2a. subsp. *crassifolia*

1b. Blades thin leathery; stamens 30–60; mesocarp slightly undulate.
··· 2b. subsp. *howii*

2a. *S. crassifolia* Benth. subsp. *crassifolia*. — *Lodhra crassifolia* Miers, J. Linn. Soc. Bot. 17: 302. 1879. — *Dicalix crassifolia* (Benth.) Migo, J. Shanghai Sci. Inst. 13: 200. 1943. Type: China, Hong Kong, Mt. Victoria. Champion 136 (holotype: K!).

S. ridleyi King & Gamble, J. As. Soc. Beng. 74, 2: extra number 239. 1906. Type: Singapore, Kranji, vii. 1894, Ridley 5684 (holotype: K!).

S. laeviramulosa Elmer, Leafl. Philip. Bot. 7: 2323 – 2324. 1914. Type: Philippines, Mindanao, Cabadbaran. x. 1912, Elmer 14123 (holotype: K!, L!

photo, NY! photo, W! photo).

Blades thick leathery; stamens 60-80; mesocarp angulated consciously, 8-12 ribbed.

Distribution and habitant: Cambodia, China (Hunan, Guangdong, Guangxi and Hong Kong), Indonesia, Malaysia, Singapore, Thailand, Vietnam and Philippines, occurring in broad-leaf forests below 1800m.

Phenology: Fl. Jun-Nov, fr. Jul-Dec.

Chinese vernacular name: 厚皮灰木 hou pi hui mu

Remarks: *S. crassifolia* is widely distributed in E and SE Asia as *S. theifolia*, the 2 species are vegetative similar, but it has much thicker leathery leaves and branched racemes (*S. theifolia* owns spikes). When fruited, it can be distinguished from all other species in this complex by its conspicuously angulated mesocarp with 8-12 ribs (Fig. 2B), so it should be reinstated.

Representative specimens examined:

CHINA. Hunan: Mt. Mangshan, Yizhang, 2. i. 1983, D. Z. Lu 284 (N); **Guangdong Prov.**: Fengkai, 25. vi. 1958, L. Deng 163341 (SWCTU); Boluo, Mt. Luofu, 12. viii. 1930, N. Q. Chen 41553 (SZ, PE); Conghua, Lvtian, 16. xi. 1958, L. Deng 8550 (SZ); Dianbai, 9. xi. 1935, Z. Huang 38705 (PE); Luofu, N. K. Chun 41553 (SZ); Xinfeng, 900m, 28. i. 1958, L. Deng 8213; Xinyi, 28. iv. 1931, S. P. Ko. 51397 (PE); Yangshan, 1500m, 21. xi. 1957, X. G. Li 201225, 201194 (HHBG); 1928, Y. Tsiang 233 (PE); **Guangxi Zhuang Autonomous Region**: Rongshui, anonymous, s. n. (PE); Rongxian, Mt. Tiantang, 30. vi. 1956, S. Q. Cheng 9745 (PE); Hepu, Nankang, 19. iv. 1956. CAS Guangdong Hepu Plant Exped. 2002 (PE); **Hong Kong:** Mt. Lianhua, C. Wang 3226 (SZ); Mt. Lianhua, 1. x. 1930, N. Q. Chen 41783

(WH); Mt. Lianhua, 1. x. 1930, N. Q. Chen 41777 (PE); Mt. Ma On, 7. iiii. 1972, S. Y. Hu 11797 (PE); Mt. Victoria: 23. xi. 1969, S. Y. Hu 8853 (PE). **INDONESIA. Madioen**: 1907, Elbert J. s. n. (L). **SINGAPORE. Kranji**: vii. 1894, Ridley 6755 (K).

2b. *S. crassifolia* subsp. *howii* (Merr. & Chun ex H. L. Li) Bo Liu & H. N. Qin comb. nov.

S. howii Merr. & Chun ex H. L. Li, J. Arnold Arbor. 25 (2): 211. 1944. Type: China, Hainan Prov., Poting, ca. 500m, 23. vii. 1935, F. C. How 73286 (holotype: A!, isotypes: PE!, SING! photo).

Blades thin leathery; stamens 30–60; mesocarp slightly undulate.

Distribution and habitant: endemic in China (Hainan: Baoting, Baisha and Ledong), occurring in broad-leaf forests below 1800m.

Phenology: Fl. Jun–Jul, fr. Jul–Sep.

Chinese vernacular name: 棱核山矾 leng he shan fan

Remarks: It resembles *S. crassifolia* subsp. *crassifolia*, but considered the fewer stamens and different structures of mesocarp; the author disposed it as a subspecies.

***Representative specimens examined*: CHINA. Hainan Prov.**: Qiongtung, 05. iv. 1954, Hainan East Exped. 55 (FUS); Fanta, Baisha, 20. viii. 1936, X. Q. Liu 26356 (PE); Xinglong, Baoting, 1200m, 31. vii. 1935, K. S. Hou 73346 (PE); Xinglong, Baoting, 1800m, 23. vii. 1935, 73286 (PE); Mt. Diaoluo, Baoting, 750m, 10. xi. 1954, Diaoluoshan Exped. 2320 (PE); Mt. Taohuai, Ledong, 9. vii. 1935, X. Q. Liu 27450 (PE); Anzhu, Qionghai, 5. iv. 1945, Hainan East Exped. 00055 (PE).

3. *S. multipes* Brand in Fedde Repert. 3 (1906) 216; Hand.

–Mazz. Beih. Bot. Centralbl. 62–B: 16. 1943. Type: China, iii. 1900, Wilson 4 (syntypes: K!, NY! photo, W! photo).

Small shrubs; twigs yellowish green, glabrous, stout, ridged. Petioles 8–10mm long; leaf blades leathery, ovate or elliptic, (5–8.5)cm×(2.5–4.5)cm long, glabrous on both sides, base cuneate, margin sharp serrated, apex long acuminate; midvein adaxially prominent, lateral veins 4–6 per side. Axillary racemes 1–3cm long, 3–8–flowered, many–branched, axis puberulent; bracts and bracteoles persistent, broadly obovate. Calyx margin ciliolate, lobes orbicular. Corolla white, 3.5–4mm long, deeply 5–lobed. Stamens ca. 25, pentadelphous. Disc soft pilose. Drupes oblong–subglobose, (0.5–0.6)cm×ca. 0.6cm, apex with erect persistent calyx lobes, 3–loculed, all developed, one bigger, the other 2 equal, smaller, stones surface rather smooth, half divided, form 1 deep parted pyrene, endocarp thin woody.

Distribution and habitant: endemic in China (Chongqing, Hubei, Guangdong, Guangxi and Sichuan), occurring in scrubs at 500–1500m.

Phenology: Fl. Mar–Apr, fr. Aug.

Chinese vernacular name: 枝穗山矾 zhi sui shan fan

Remarks: This species resembles *S. crassifolia*, but its leaves are sharp–serrated. The stones are also different, *S. multipes* has a smooth surface, one locule bigger (Fig. 2H), while in *S. crassifolia* the stones surface sharp–ridged or undulate, 3 locules evenly developed (Fig. 2B & 2C). The two species do not overlap in geographical range; furthermore, they have different anthesis.

Representative specimens examined: **CHINA**. **Chongqing:** Mt. Huayun, Hechuan, 1100m, 5. iii. 1934, T. H. Tu 5055 (PE); CAS Sichuan Exped. 5055 (SZ); **Hubei Prov.**: Hefeng, 1200m, x. 1958, H. J. Li 8388 (PE);

Mt. Badagong, Xuanen, 1400m, 10. vii. 1958, H. J. Li 3468 (PE); **Guangdong Prov.**: Mt. Danxia, Renhua, 8. xii. 1927, W. Y. Chun 5578 (IBSC); Xiangliantang, Yangshan, 10. iii. 1978, P. X. Tan 60393 (IBSC); Yuebei, vii. 1952, K. W. Liang 230 (IBSC); **Guangxi Zhuang Autonomous Region**: Mt. Guchenyao, Xiangxian, 13. ii. 1924, Kwangsimus 194 (IBSC); **Sichuan Prov.**: Jiuzhaigou, J. H. Xiong & Z. L. Zhou 90025 (LBG); **Precise location unknown:** anonymous s. n. (SZ); Farges R. P. s. n. (KEW).

4. *S. henryi* Brand, Pfl. R. Heft 6 (1901) 67; Hand. - Mazz., Beih. Bot. Centralbl. 62-B: 16. 1943. Type: China, Yunnan, Mengzi, ca. 1500m, 1898, A. Henry 11415 (isotype: K!, PE!, NY! photo).

Evergreen trees, to 10m high. Twigs yellowish brown, glabrous, terete. Petioles 1-2cm long; leaf blades thick papery, oblong or elliptic-oblong, (15-20) cm×(5-9) cm long, glabrous on both sides, base cuneate, margin subentire or glandular-serrated, apex short acuminate; midvein adaxially prominent, lateral veins 9-10 per side. Axillary racemes 0. 6-2cm long, 3-5-flowered, axis puberulent; bracts and braclets persistent, broadly obovate, often glabrous. Calyx margin ciliolate, lobes orbicular. Corolla white, 3-5mm long, deeply 5 - lobed. Stamens 75 - 80, pentadelphous. Disc without white pilose. Drupes long ellipsoid, (3-4) cm×ca. (2-2. 5) cm, apex with erect or spread persistent calyx lobes, 3-loculed, 1 locule often degenerated, stones surface with deep longitudinally grooves, half divided, form 1 deep parted pyrene, mesocarp woody, endocarp brown, thick woody, 5-8mm thick.

Distribution and habitant: endemic in China (Yunnan: Mengzi and Pingbian), occurring in sparse or dense evergreen broad-leaf forest at 900-1700m.

Phenology: Fl. Sep–Oct, fr. Sep of the following year.

Chinese vernacular name: 蒙自山矾 meng zi shan fan

Remarks: The species is the most remarkable one, and it shows several noteworthy peculiarities, it differs by its largest papery leaves in the complex [(15–20) cm × (5 – 9) cm] and biggest fruits [(3 – 4) cm × (2 – 2.5) cm] (Fig. 1D), so it should be reinstated as a distinct species.

Representative specimens examined: **CHINA. Yunnan Prov.** : Dudian, Pingbian, 27. x. 1954, K. M. Feng 5201 (KUN); Aogapotou, Pingbian, 22. ix. 1954, K. M. Feng 4637 (KUN).

5. *S. tetragona* F. H. Chen ex Y. F. Wu, Act. Phytotax. Sin. 24 (3): 194. 1986. Type: China, Zhejiang, Hangzhou Botanic Garden, cultivated, iv. 1978., Y. Y. Ho 30344 (IBSC!).

Evergreen trees, to 18m high. Twigs yellowish green, stout, glabrous, conspicuously 4–5 ridged. Petioles 14–20mm long; leaf blades thick leathery, (12–20) cm×(4–8) cm long, glabrous on both sides, base cuneate, margin subentire or serrated, apex long acuminate; midvein adaxially prominent, lateral veins 8–12 per side. Inflorescences basally branched spikes, 4–8cm long, axis puberulent, 15–30–flowered, several infloresecenes grow on apex of branchlets; bracts ovate, and braclets persistent, elliptic. Calyx glabrous or puberulent, margin ciliolate; lobes orbicular. Corolla white, ca. 6mm long, deeply 5–lobed. Stamens 20–50, pentadelphous. Disc soft pilose. Drupes long ellipsoid, ca. 1.5cm×ca. 0.8cm, apex with erect persistent calyx lobes, 3–loculed, all developed, equal, stones surface slightly striate, half divided, form 1 deep parted pyrene, endocarp thick woody.

Distribution and habitant: endemic in China (Fujian: Yong'an, Shaxian and Nanping; Hunan: Daoxian, Jiangxi: Lushan, Duchang and Jiujiang), occurring in mixed forests below 1000m. Cultivated as ornamental plant in South China.

Phenology: Fl. Feb–Apr, fr. Aug–Oct.

Chinese vernacular name: 棱角山矾 leng jiao shan fan

Remarks: Wu and Nooteboom (1996) reduced *S. tetragona* to one synonym of *S. kuroki* s. l., their reasons were: "In many collections the petioles in *S. lucida* are decurrent on the twigs, making the latter ridged to slightly winged. The name *S. tetragona* has been applied to the extreme condition, but after careful study it is apparent that, apart from winged branchlets, *S. tetragona* is indistinguishable from *S. lucida* (= *S. kuroki* s. l.)".

After examination of specimens, field and nursery observations, the author found *S. tetragona* is a distinctive species, it should be reinstated by the following features: the ridged branches and petioles are stable, it can be distinguishable from *S. kuroki* s. s. by the thick leathery leaves (12–20)cm×(4–8)cm long [*S. kuroki* s. s.: (4–7)cm×(2–3.5)cm long], 4–8cm basally branched spikes with 15–30 flowers (inflorescence of *S. kuroki* s. s. to 1cm long, with 3–8 flowers), buds lilac (*S. kuroki* s. s.: white), several inflorescences terminal on first 3 nodes of branchlets (*S. kuroki* s. s.: averagely ranged on branchlets); ovary 3-locular (*S. kuroki* s. s.: 2-locular), stones surface slightly striate (Fig. 2G) [*S. kuroki* s. s. stones surface rather smooth (Fig. 2F)].

This species has been widely cultivated in nurseries in Hubei, Hunan, Fujian and Zhejiang for ornamental use.

Representative specimens examined: **CHINA. Hubei Prov.**: Wuhan Botanical Garden cultivated, 39m, 14. v. 2009, Bo Liu 94 (PE); **Fujian**

Prov.: Shaxian, anonymous, s. n. (KUN); **Hunan Prov.**: Nanyue Botanical Garden cultivated, Hengyang, 420m, 27. i. 2010, Bo Liu 259 (PE); Nanyue Botanical Garden, Hengyang cultivated, 420m, 28. vi. 2003, M. H. Li & Y. Q. Kuang 672 (PE); **Jiangxi Prov.**: Xiachengcun, Duchang, 49m, 10. v. 2009, Bo Liu 64 (PE); Pengjiawan, Xingzi, 134m, 25. iv. 2009, Bo Liu 24, 39, 40, 43, 44(PE); Fengjiawan, Lushan, 160m, 11. x. 1983, G. Yao 8799 (LBG); Lushan, Y. G. Xiong 894, 7117 (PE); M. J. Wang 143, 724, 1208 (PE); **Zhejiang Prov.**: Hangzhou Botanical Garden cultivated, 18. iv. 2009, Bo Liu 5 (PE); Hangzhou Botanical Garden cultivated, anonymous 37 (PE); Hangzhou Botanical Garden cultivated, Q. G. Zhu & Q. W. Liu 193 (IBSC).

6. *S. setchuensis* Brand., Engler, Bot. Jahrb. 29: 528. 1900. —*Dicalix setchuensis* (Migo) in Bull. Shanghai Sci. Inst. 13: 205. 1943. Type: China, Bock & von Rostorn 928, 976 (syntype: W! photo, sterile).

S. acutangula Brand, Pfl. R. Heft6 65. 1905. Type: China, Futschan, 1887, Warburg 5855 (lectotype: K!).

S. argyi H. Lévl., Fedde Repert. 10: 431. 1912. Type: Kiangsu, Longtze, 6. vi. 1846, d' Argy s. n. (E!, isotype: A!).

S. ilicifolia Hayata, Ic. Pl. Form. 5: 102, t. 29. 1915; Mori, Sylvia 5: 232. 1934; —*Bobua ilicifolia* Kanehira & Sasaki, List Pl. Form. 331. 1928. Type: Taiwan, Mt. Hakakotaizan, U. Mori 2688 (holotype: TAIF! photo).

S. glomeratiflora Hayata, Ic. Pl. Form. 5: 100, t. 27. 1915. Type: Formosa, Mt. Arisan, S. Sasaki 1911 (not seen).

S. sinuata Brand, Fedde Repert. 14: 326. 1916. Type: Yunnan, ca. 1500m, A. Henry 13401 (lectotype: A!, NY! photo).

Evergreen trees, to 18m high. Twigs green, glabrous, ridged. Petioles 5–

10mm long; leaf blades thin leathery, oblong or narrowly elliptic, (6.5–13) cm×(2–5) cm long, glabrous on both sides, base cuneate, margin serrated, apex long acuminate or acuminate; midvein adaxially prominent, lateral veins 8–12 per side. Inflorescences glomerule, 3–8–flowered, axis puberulent; bracts and braclets persistent, broadly obovate, outside densely pilose. Calyx margin ciliolate, lobes oblong. Corolla white, 3–5mm long, deeply 5–lobed. Stamens 30–40, pentadelphous. Disc soft pilose. Drupes ovate or oblong, (5–10) mm×(6–8) mm long, apex with erect persistent calyx lobes, 3–loculed, all developed, equal, stones surface rather smooth, form 3 deep parted pyrenes, endocarp woody.

Distribution and habitant: endemic in China (Anhui, Fujian, Guangxi, Hunan, Jiangsu, Jiangxi, Taiwan, Yunnan and Zhejiang), occurring in mixed forests or forest edges below 2000m.

Phenology: Fl. Feb–Apr, fr. Jun–Oct.

Chinese vernacular name: 四川山矾 si chuan shan fan

Remarks: Ying (1978) and Wang & Ou (1999) merged this species into *S. kuroki* s. s., besides the 3–locular different from *S. kuroki* s. s., the glomerule without pedicel or peduncle is unique in *S. kuroki* complex.

***Representative specimens examined*: CHINA. Anhui Prov.** : Shangxikou, Xiuning, 22. ii. 1910, anonymous 3251 (PE); Mt. Huangshan, 800m, 30. ix. 1955, M. J. Wang 3545 (PE); Mt. Meimaofeng, Wenquan, 650m, 21. viii. 1957, L. G. Fu 0718 (PE); **Chongqing:** Mt. Jingyun, Beibei, 726m, 23. v. 2009, Bo Liu 141 (PE); Mt. Jingyun, Beibei, 820m, 1. vi. 1956, Chuanqian Exped. 467 (PE); Mt. Jingyun, Beibei, 1180m, T. H. Tu 5100 (PE); **Fujian Prov.** : Mt. Wuyi, 1100m, 29. vii. 1964, C. P. Jian et al. 400548 (PE);

Guizhou Prov.: Mt. Jinding, Zunyi, 1200m, 1. ix. 1956, Chuanqian Exped. 1357 (PE); **Guangxi Zhuang Autonomous Region**: Mt. Miu, Luocheng, 1333m, 14. vi. 1928, R. C. Qin 6035 (PE); **Hubei Prov.**: Mulinzi, Hefeng, 1485m, 17. v. 2009, Bo Liu 138 (PE); **Hong Kong:** Central Island, 27. ix. 1972, S. Y. Hu 12170 (PE); **Hunan Prov.**: Mt. Wanfeng, Xinning, 1200m, 21. x. 1996, Z. C. Luo 1723 (PE); Dengjiachong, Xinning, 1250m, 30. vii. 1985, Y. B. Luo 2796 (PE); **Jiangsu Prov.**: Mt. Minling, Yixing, 300m, 30. vi. 1956, F. X. Liu, M. J. Wang & Z. Y. Huang 2337 (PE); **Jiangxi Prov.**: Lushan Botanical Garden, Jiujiang, 1025m, 25. iv. 2009, Bo Liu 55 (PE); Shahe, Jiujiang, 11. i. 1995, C. M. Tan 951375 (PE); Chongren, 300m, 26. vi. 1932, Y. Jiang 10009 (PE); **Taiwan Prov.**: Neihu, S. Y. Lv 5603 (TAIF); Rengechi, Taichung, 21. vii. 1955, Keng, Liu & Kao s. n. (TAI); **Yunnan Prov.**: Mt. Laojun, Wenshan, 1800m, 12. iv. 1993, Y. M. Shui 002027 (PE); Wenshan, 2100m, 24. i. 1933, H. T. Tsai 51641 (PE); **Zhejiang Prov.**: Mt. Baishanzu, Qingyuan, 20. iv. 2009, Bo Liu 14 (PE); Mt. Tiantai, Tiantai, anonymous 0157 (PE).

7. *S. migoi* Nagam., Fl. Taiwan (ed. 2). Type: Taiwan, Ilan, Mt. Taiping, ca. 2000m, 30. xi. 1963, M. Tamura, T. Shimizu & M. T. Kao 21397 (holotype: KYO! photo).

Small evergreen trees. Twigs green to grayish dark brown, terete. Petioles 3–10mm long; leaf blades leathery, (3–9) cm×(1–3) cm long, glabrous on both sides, base cuneate, margin recurved, crenate–serrated, apex short caudate, obtuse; midvein adaxially prominent, lateral veins 6–8 per side. Inflorescences axillary, a contracted spikes, branched paniculately, axis puberulous, to 1cm long; bracts persistent, semiorbicular to depressed ovate, bracteoles 2, persistent, ovate, often glabrous. Calyx margin ciliolate, lobes ovate. Corolla white, 4. 5–5. 5mm long, deeply 5–lobed. Stamens 50–60, pentadelphous. Disc soft pilose. Drupes ellipsoid or obovoid, (0. 9–1. 3) cm×(0. 5–0. 7) cm, apex with erect or spread persistent calyx lobes, 3–loculed, all developed, equal, stones surface smooth, deep divided, form 1 deep parted pyrene, endocarp woody.

Distribution and habitant: endemic in China (Taiwan), occurring in mountain areas.

Phenology: Fl. Dec–next Feb, fr. Aug–Sep.

Chinese vernacular name: 拟日本灰木 ni ri ben hui mu

Remarks: *S. kuroki* s. s., *S. migoi* and *S. shilanensis* are morphologically similar and closely related taxa, Wang (2000) confused *S. migoi* with *S. kuroki* s. s., the latter one has a 2–locular ovary (Fig. 2F), whereas *S. migoi* has 3–locular ovary (Fig. 2G).

Apart from *S. kuroki* s. s., *S. shilanensis* often has 2–3 pairs of sharp teeth on leaves, less nerves and stamens than *S. migoi*; these are important characters in delimiting the 3 taxa.

***Representative specimens examined*: CHINA. Taiwan:** Hoping logging tract, Hualian, 1800–1900m, 27. vii. 1993, J. C. Wang, H. W. Lin et al. 8611 (TAI); Ilan, W. Word 3836 (PE); Mt. Taiping, Ilan, 26. viii. 1962, C. C. Chuang, J. M. Chao & M. T. Kao 4725 (TAI); Yunhai, Nantou, 24. viii. 1975, S. Y. Lv 4703 (TAIF); Pingtung, H. Ohashi, Y. Tateishi et al. 13503 (PE); Taipei, C. F. Hsieh, T. S. Hsieh & C. S. Hsiao 674 (TAI).

8. *S. shilanensis* Y. C. Liu & F. Y. Lu, *Quart. J. Chin. Forest* 10 (3): 90. 1977. Type: Taiwan, Pingtung Hsien, Mt. Shilan, 17. vii. 1974, C. H. Ou et al. 2730 (syntype: TCF! photo, TPCA! photo).

Small evergreen trees. Twigs grayish dark brown, terete or slightly ridged. Petioles 5–7mm long; leaf blades leathery, elliptic to ovate, (2.5–5) cm×(1.5–2.5) cm long, glabrous on both sides, base attenuate, margin recurved, entire or with 2–3 pairs of crenate-serrate teeth, apex shortly caudate and obtuse, with apiculate tip; midvein adaxially prominent, lateral veins 4–5 per side. Inflorescences axillary, a short spikes, sometimes paniculately branched, 0.5–1cm long, axis puberulent; bracts and braclets persistent, minute, ovate to orbicular. Calyx margin ciliolate, lobes semiorbicular to depressed ovate. Corolla white, 3–5mm long, deeply 5-lobed. Stamens 35–50, pentadelphous. Disc soft pilose. Drupes narrowly ellipsoid, purple when matured, (1–1.5) cm×ca. 0.6cm, apex with erect or spread persistent calyx lobes, 3-loculed, all developed, equal, stones surface rather smooth, divided into 3 pyrenes, endocarp stony, thin.

Distribution and habitant: endemic in China (Taiwan: Pingdong), occurring in evergreen forests.

Phenology: Fl. Aug–Oct, fr. Jun–Aug of the following year.

Chinese vernacular name: 希兰灰木 xi lan hui mu

Representative specimens examined:

CHINA. Taiwan: Mt. Nanjen, Pingtung, 28. vii. 1975, Y. L. Shang 4543, 4542, 4541 (TAIF); Mt. Nanjen, Pingtung, 26. xii. 1974, Y. L. Shang 3160 (TAIF); Mt. Nanjen, Pingtung, 29. xi. 1983, M. C. Ho s. n. (TAIF); Mt. Nanjen, Pingtung, 330m, 2. i. 1991, Y. B. Chen 1021 (TAI); Mt. Nanjen, Pingtung, 10. ix. 1982, T. C. Huang 8945 (TAI); Mt. Nanjen, Pingtung, 300m, 9. ix. 1984, R. T. Li 3263 (TAI); Mt. Nanjen, Pingtung, 30. i. 1981,

Y. F. Chen 1763 (TAI).

9. *S. kuroki* Nagam., Symploca. Jap. Contrib Biol Lab. Kyoto Univ. 28: 173-260. 1993. —*Laurus lucida* Thunb., Fl. Jap. 174. 1784. —*S. lucida* (Thunb.) Siebold & Zucc., Fl. Jap. 1: 55, t. 24. 1835. Excl. syn. *Myrtus laevis*. —*S. lucida* Wall. (Cat. 4414. 1831. *nomen*) ex G. Don, Gen. Syst. 4: 3. 1837. —*S. japonica* A. DC., Prodr. 8: 255. 1844, excl. typ. —*Hopea lucida* Thunb., Ic. Fl. Jap. 265. 1867. —*Bobua japonica* Miers, J. Linn. Soc. Bot. 17: 306. 1879. —*S. japonica* A. DC. var. *nakaharai* Hayata, Ic. Pl. Form. 5: 103-104. 1915; —*S. lucida* Siebold & Zucc. var. *nakaharai* Makino & Nemoto, Fl. Jap.: 373. 1925. —*Bobua lucida* (Siebold & Zucc.) Kaneh. & Sasaki, List Pl. Form. 331. 1928. —*Bobua japonica* (A. DC.) Miers var. *nakaharai* Sasaki, Cat. Govt. Herb.: 407. 1930. Type: Japan, Thunberg (UPS! photo).

S. lucida Wall. (Cat. 4414. 1831, *nomen*) ex G. Don, Gen. Syst. 4: 3. 1837; DC. Prod. 8: 225. 1844; Kurz, For. Fl. Burma 2: 144. 1877. —*Lodhra lucida* Miers, J. Linn. Soc. Bot. 17: 299. 1879. Type: Wall. 4414 (isotype: CGE! photo).

S. nakaharae (Hayata) Masam., Trans. Nat. Hist. Form. 30: 62. 1940. —*S. japonica* A. DC. var. *nakaharai* Hayata, Icon. Pl. Form. 5: 103. 1915. —*S. lucida* Siebold & Zucc. var. *nakaharai* Makino & Nemoto, Fl. Jap.: 373. 1925. —*Bobua japonica* (A. DC.) Miers var. *nakaharai* Sasaki, Cat. Govt. Herb.: 407. 1930. —*Dicalyx lucida* (Thunb. ex Murray) Hara var. *nakaharai* Hara, Enum. Sperm. Jap. 1: 106. 1948. Type: Japan, Nagotake, Okinawa Isls., Ryukyus, G. Nakahara s. n. (holotype: TI! photo).

Evergreen trees or shrubs. Twigs gray or dark brown, terete or ridged, glabrous. Petioles 8-15mm long; leaf blades leathery, elliptic, narrowly elliptic, obovate or narrowly obovate, (4−7) cm×(2−3. 5) cm long, glabrous on both sides, base cuneate, margin recurved, entire or glandular−crenate, apex long acuminate; midvein adaxially prominent, lateral veins 5−9 per side. Inflorescences basally branched spikes, to 1cm long, 3−8−flowered; bracts widely ovate to depressed ovate; braclets 2, depressed ovate to kidney−shaped, both persistent, outside sparse appressed pubescent and ciliolate. Calyx glabrous or puberulent, margin ciliolate; lobes widely ovate to ovate. Corolla white, 4−5mm long, deep 5 − lobed. Stamens 25 − 40, pentadelphous. Disc soft pilose. Drupes ellipsoid, bluish black, (0. 9−1. 3) cm×(0. 6−0. 9) cm, apex with erect or spread persistent calyx lobes, 2−loculed, all developed equal, stones surface rather smooth, divided into 2 pyrenes, endocarp woody.

Distribution and habitant: endemic in Japan (Honshu, Shikoku and Kyushu), occurring in warm temperate evergreen forests.

Phenology: Fl. Dec−Apr, fr. Aug−Nov.

Japanese Vernacular Name: クロキ kuroki

Remarks: *S. kuroki* s. s. is the only evergreen species that have 2−locular ovary in Asia (Fig. 2F), so undoubtedly it should be given a species status. *S. migoi* is quite similar to *S. kuroki* s. s. in general morphological features, however, it has 3−locular ovary, and more stamens.

Nagamasu (1993) separated *S. nakaharae* from *S. kuroki* s. s. by its smaller bracteoles (1. 5−2mm long vs 3. 5−4mm long) and fruits (6−10mm long vs 9−13mm long), the author observed many specimens of the two species, found the difference are not sufficient to distinguish the two species. So *S. nakaharae* should be a synonym of *S. kuroki* s. s. .

Representative specimens examined: **JAPAN**. **Hondo:** Prov. Nagato, Pref. Yamaguchi, 9. xi. 1975, Miyoshi Furuse 10085 (PE); **Kyushu**: Prov. Ohsumi, Pref. Kagoshima, 350m, 25. iii. 1976, Miyoshi Furuse 10463 (PE); Bo, Pref. Kagoshima, 9. iii. 1968, S. Kitamura & G. Murata 2820 (KYOTO); Akakuebana, Pref. Kagosima, 8. iii. 1968, S. Kitamura & G. Murata 2925 (KYOTO); Prov. Ohsumi, Pref. Kagoshima, 22. xi. 1976, Miyoshi Furuse 12019 (PE); Pref. Hiroshima, 27. v. 1938, anomnoys, s. n. (KYOTO); Prov. Satsuma, Pref. Kagoshima, 150m, 25. xi. 1975, Miyoshi Furuse 10300 (PE); Prov. Satsuma, Pref. Kagoshima, 604m, 28. x. 1968, Miyoshi Furuse 42705, 42706 (PE); Prov. Satsuma, Pref. Kagoshima, 23. v. 1962, Miyoshi Furuse 39914 (PE); Prov. Satsuma, Pref. Kagoshima, 9. iii. 1975, Miyoshi Furuse 8106 (PE); Prov. Ohsumi, Pref. Kagoshima, 400m, 16. ix. 1978, Miyoshi Furuse 13235 (PE); Kogushi to Kawatana, Pref. Yamaguchi, 20 – 120m, 15. iv. 1978, N. Kurosake 8994 (KYOTO); **Shikoku:** Pref. Kochi, Ouchicho, Hatagun, 30. iii. 1953, G. Murata 17978 (KYOTO); **Kamiyaku-cho:** T. Yahara, J. Murata & H. Ohba 9029 (PE); **Kochi:** Y. Hurata 17978 (PE); **Oshika:** J. Murata, M. Kata & D. Parnaed 17723 (PE).

10. *S. pergracilis* (Nakai) T. Yamaz., J. Jap. Bot. 44: 366. 1969. —*Bobua pergracilis* Nakai, [Rigakkai 26 (5): 7. 1928, *nomen,* not seen] Bot. Mag. Tokyo. 44: 24. 1930. —*Dicalix pergracilis* (Nakai) H. Hara, Enum. Sperm. Jap. 1: 106. 1948. Type: Bonin, Chichijima Isls., H. Toyoshima (holotype: TI! photo, Plate 66c).

Small evergreen trees. Twigs green or brown, zigzag, glabrous, terete, often tinged violet. Petioles 7–15mm long, narrowly winged, often tinged violet; leaf blades leathery, obovate to narrowly obovate, (3–6) cm×(1–2. 5) cm long, glabrous on both sides, base cuneate, margin recurved, entire or slightly glandular-crenate, apex acute, obtuse or rounded; midvein adaxially prominent, lateral veins 6-8 per side. Inflorescences axillary, a reduced contracted spike, rarely branched at base, to 5mm long, 1 (-2) -flowered, axis puberulent, axis with several persistent sterile bracts; bracts and braclets persistent. Calyx margin ciliolate, lobes semi orbicular to kidney-shaped. Corolla white, 6-7mm long, deeply 5-lobed. Stamens 100-120, pentadelphous. Disc soft pilose. Drupes narrowly obovoid or narrowly ellipsoidal, (1.8-2.5) cm× (7-1.2) cm, apex with erect or spread persistent calyx lobes, 3-loculed, all developed equal, stones surface rather smooth, not divided, form 1 pyrene, endocarp thick woody.

Distribution and habitant: endemic in Japan (Bonin: Chichijima Isls.), occurring in subtropical dry evergreen forests.

Phenology: Fl. Nov-next Feb, fr. Jul-Dec.

Japanese Vernacular Name: チチジマクロキ uchidashi-kuroki

Remarks: Nooteboom (1975, 2005) considered *S. pergracilis* conspecific with *S. boninensis*, while it can be readily recognized by its zigzag branches, obovate or narrowly obovate leaves, apex acute, transverse section of fruit round (Fig. 2I), apex with erect or spread persistent calyx lobes compared to non-zigzag branches, elliptic leaves with apex obtuse to rounded, and transverse section of fruit triangle-shaped (Fig. 2A), apex with bending inwards persistent calyx lobes.

Representative specimens examined: **JAPAN. Bonin Isls.**: 17. i. 1975, Miyoshi Furuse 7859 (PE); 200m, 7. vii. 1976, Miyoshi Furuse 11306 (PE); Mt. Chuoo-san, Chichijima, 200-300m, 10. vii. 1975, G. Murata, H. Tabata,

K. Tscuchiya & K. Takada 251 (KYOTO); Mt. Hatsune, Chichijima, 25. iii. 1972, Y. Momiyama, S. Kobayashi & M. Ono 126134 (KYOTO); Mt. Yoake, Chichijima, 12. iii. 1972, Y. Momiyama, S. Kobayashi & M. Ono 125983 (KYOTO); Chichijima, T. Yamazaki & K. Enomoto 137 (KYOTO).

11. *S. boninensis* Rehder & E. H. Wilson. J. Arn. Arb. 1: 119. 1919. *Dicalyx boninensis* H. Hara, En. Sperm. Jap. 1: 104. 1948. Type: Japan, Bonin Isls., 28. iv. 1917, E. H. Wilson 8336 (isotype: E! photo).

Small evergreen trees or shrubs. Twigs green, glabrous, terete. Petioles 8–30mm long, narrowly winged, often tinged violet; leaf blades leathery, elliptic, (6–9)cm×(2. 5–5)cm long, glabrous on both sides, base attenuate, margin recurved, entire or slightly glandular–crenate, apex obtuse to rounded; midvein adaxially prominent, lateral veins 5–8 per side. Inflorescences axillary, a reduced contracted spike, branched at base, to 1cm long, 1–3–flowered, axis with many persistent sterile bracts; bracts and bracelets persistent, broadly ovate, often glabrous. Calyx margin ciliolate, lobes orbicular. Corolla white, 5–6mm long, deeply 5–lobed. Stamens 60–100, pentadelphous. Disc soft pilose. Drupes obovoid to narrowly obovoid, slightly triangular prism shaped, (2–2. 5)cm×(1–1. 3)cm long, apex with bending inwards persistent calyx lobes, 3–locular, all locules developed and fertile, often unequal, transverse section triangle, stones surface smooth, not divided, form monopyrene, mesocarp woody, endocarp thick woody.

Distribution and habitant: Endemic to Japan: Bonin Isls., occurring in subtropical dry evergreen forests at 50–100m.

Phenology: Fl. Oct–Dec, fr. Jul–Aug.

Japanese Vernacular Name: ムニンクロキmunin–kuroki

***Representative specimens examined*: JAPAN. Bonin Isls.** : 3. iix. 1976, Kihara H. s. n. (KYOTO); 50–100m, 4. viii. 1979, Hideo Tabata et Yoshikazu Shimizu 79–51, 79–55 (KYOTO); M. Ito, 8. vii. 1990, A. Sojima, Ch. Endo & H. Nagamasu 25787 (KYOTO); 15. vii. 1975, G. Murata, H. Tabata, K. Tsuchiya & K. Takada 646 (KYOTO).

12. *S. kawakamii* Hayata. Ic. Pl. Form. 5: 104–105. 1915. —*Bobua kawakamii* Nakai, [Rigakkai. 26 (5): 7. 1928, *nomen*] Bot. Mag. Tokyo. 44: 24. 1930. —*Dicalix kawakamii* Hara, Enum. Sperm. Jap. 1: 104. 1948. Type: Japan, Bonin Isls., T. Kawakami (TI! photo).

S. otomoi Rehder & E. H. Wilson, J. Arn. Arb. 1: 119. 1919. Type: Japan, Bonin, Chichijima Isls., 1917, H. Otomo s. n. (A! photo).

Evergreen shrubs. Twigs green, glabrous, conspicuously ridged. Petioles winged, 2–8mm long; leaf blades leathery, obovate, elliptic or ovate, (2–5)cm×(0.7–2)cm on both sides, glabrous on both sides, base cuneate, margin conspicuously recurved, entire, apex retuse or rounded; midvein prominent near base adaxially, lateral veins 5–7 per side, prominent on upper surface with reticulation (rugose on upper surface). Inflorescences axillary spikes, branched near base, 0.5–2.5cm long, 3–10-flowered, axis ridged and puberulent; bracts persistent, narrowly ovate to ovate, braclets 2, persistent, ovate to triangular. Calyx margin ciliolate, lobes ovate. Corolla white, about 7mm long, deeply 5-lobed. Stamens 70–90, pentadelphous. Disc soft pilose, with 5 glands. Drupes globose or obovoid, (1.4–2)cm×(1–1.2)cm, persistent calyx lobes forming a blunt beak, 3-loculed, all developed equal, stones surface slightly striated, deep divided, form 1 deep parted pyrene, endocarp chartaceous.

Distribution and habitant: endemic in Japan (Bonin: Chichijima Isls.), occurring in subtropical dry scrubs at 180–210m.

Phenology: Fl. Nov, fr. May–Oct.

Japanese Vernacular Name: ウチダシクロキ uchidashi–kuroki

Remarks: *S. kawakamii* has conspicuously ridged twigs, in this species resemble those of *S. tetragona*, while, *S. kawakamii* has relatively smaller leaves [(2–5) cm×(0.7–2.2) cm] with margin conspicuously recurved, lateral and reticulate veins prominent on the adxial surface, whereas *S. tetragona* has bigger leaves (12–20) cm×(4–8) cm, margin flat, lateral veins and reticulate veins impressed, the two species do not overlap in geographical range.

Representative specimens examined: **JAPAN. Bonin Isls.:** Mt. Hatsune, Chichijima, 7. iii. 1972, Y. Momiyama, M. Ono & S. Kobayashi 126315 (KYOTO); Hatsune, Chichijima, on rocky slope, 8. vii. 1975, G. Murata, H. Tabata, K. Tsuchiya & K. Takada 82 (KYOTO); Hatsuneura – yuhodo, Chichijima, 180 – 210m, 17. v. 1977, Yoshikazu Shimizu 77 – 47 (KYOTO); Hatsuneura, Chichijima, on rocky slope, 20. vii. 1975, G. Murata, H. Tabata, K. Tsuchiya & K. Takada 110 (KYOTO); Takasi Yamazaki 34892 (PE); 200m, 22. xii. 1974, Miyoshi Furuse 7544 (PE).

13. *S. tanakae* Matsum., Bot. Mag. Tokyo. 15: 79. 1901. —*Bobua tanakae* (Matsumura) Masam., Prel. Rep. Veg. Yakus. 110. 1929. —*Dicalix tanakae* Hara, Enum. Sperm. Jap. 1: 107. 1948. Type: Japan, Tanegashima, S. Tanaka 436 (TI! photo).

Dicalyx ciliates Blume, Bijdr. 1119. 1826. —*S. ciliata* Miq., Reliq. Haenk. 2 (2): 61. 1835. — *Eugeniodes ciliatum* O. K., Rev. Gen. Pl. 2: 975. 1891. Type: Java, Mt. Tjeremai, Blume 1598 (L! photo).

S. zentaroana Makino ex Yanagida, J. Jap. Forestry Soc. 20 (3): 115,

No. 532, Figure 531. 1938. nom. nud. , descr. in jap.

Evergreen trees. Twigs green, glabrous, terete. Petioles narrowly winged, 1–2. 5cm long; leaf blades leathery, narrowly obovate to narrowly oblong-elliptic, (7–13) cm×(2–3. 5) cm long, glabrous on both sides, base cuneate, margin recurved, glandular-crenated, usually the proximal half entire, apex obtuse, acute or short acuminate; midvein adaxially prominent, lateral veins 8–14 per side. Inflorescences axillary, a contracted spike, to 1cm long, 5 to 8–flowered, axis puberulent; bracts persistent, orbicular to widely ovate, margin ciliolate; bracteoles 2, persistent, elliptic to ovate. Calyx margin ciliolate, widely ovate to elliptic. Corolla white, 6–7. 5mm long, deeply 5–lobed, lobes elliptic. Stamens 60–75, pentadelphous. Disc soft pilose, with 5 glands. Drupes 3–locular, globose to ellipsoid, smooth, (2–2. 5) cm×(1–1. 3) cm, apex with bending inwards persistent calyx lobes, 3–locular, all well developed, stones trigonous with shallow lengthwise grooves, half divided, form 1 deep parted pyrene, endocarp chartaceous.

Distribution and habitant: endemic in Japan (Shikoku, Kyushu), occurring in warm temperate evergreen forests at 100–500m.

Phenology: Fl. Oct–next Jan, fr. Sep–Dec.

Japanese Vernacular Name: オニクロキ oni–kuroki

Remarks: This species has rather large flowers, 6–7. 5mm long, compared to 3–6mm long in all other species and narrowly lanceolate leaves (7–13) cm×(2–3. 5) cm long, with length/width>2. 5 compared to<2 in other species, the fruits are biggest among Japanese native species [(2–2. 5) cm×(1–1. 3) cm].

Representative specimens examined: **JAPAN. Kyushu:** Prov. Ohsumi, Pref. Kagoshima, 800m, 4. iv. 1976, Miyoshi Furuse 10590 (PE); Prov. Ohsumi, Pref. Kagoshima, 800m, 12. xii. 1976, Miyoshi Furuse 12196 (PE); Prov. Ohsumi, Pref. Kagoshima, 1000m, 25. iv. 1976, Miyoshi Furuse 10860 (PE); Prov. Ohsumi, Pref. Kagoshima, 400m, 21. xii. 1976, Miyoshi Furuse 12314 (PE); Prov. Ohsumi, Pref. Kagoshima, 800m, 12. xii. 1976, Miyoshi Furuse 12915 (PE); Isls. Yaku, Pref. Kumage-gun, 100–500m, 17. vii. 1979, S. Amino, M. Okonogi et al. 260 (KYOTO); Isls. Yakushima, Prov. Ohsumi, 1200m, 22. x. 1966, S. Sako 6484 (KYOTO); **Shikoku:** Sugio-jinja shrine, Pref. Tokushima, 20 – 40m, 30. iii. 1992, H. Nagamasu & A. Soejima 4589 (KYOTO).

ACKNOWLEDGEMENTS

We are grateful to the curators of the herbaria A, CDBI, CQBG, E, GH, HHBG, HIB, HWA, I, IBSC, K, KUN, KYO, LBG, NAS, SAUF, SM, SWAU, SZ, TI and WH for their permission to examine the specimens. We cordially thank Prof. Li Zhen-yu for his kindly help for useful comments on the manuscript. Additionally, we are indebted to Prof. Mikinori Ogisu and Dr. Wang Chih-Qiang for generous providing useful specimens and materials.

REFERENCES

[1] BARTH O M. Pollen morphology of Brazilian *Symplocos* species (Symplocaceae) [J]. Grana, 1979, 18(2): 99–107.

[2] BARTH O M. The sporoderm of Braxilian *Symplocos* species (Symplocaceae) [J]. Grana, 1982, 21(2): 65–69.

[3] BRAND A. Symplocaceae [M]//ENGLER A. Verlag Von Wilhelm Engelmann. Leipzig: Das Pflanzenreich (Engler), 1901: 1–100.

[4] CHIARINI F E, BARBOZA G E. Fruit anatomy of species of *Solanum* sect. *Acan-*

thophora (Solanaceae)[J]. Flora, Distribution, Functional Ecology of Plants, 2009, 204(2): 0–156.

[5] ERDTMAN G. Pollen Morphology and Plant Taxonomy[M]//Pollen Morphology and Plant Taxonomy: Almqvist & Miksell, 1953.

[6] FRITSCH P W, CRUZ B C, ALMEDA F, WANG Y G, SHI S H. Phylogeny of *Symplocos* based on DNA sequences of the chloroplast *trn*C–*trn*D intergenic region[J]. Systematic Botany, 2006, 31(1): 181–192.

[7] FRITSCH P W, KELLY L M, WANG Y G, ALMEDA F, KRIEBEL R. Revised infrafamilial classification of Symplocaceae based on phylogenetic data from DNA sequences and morphology[J]. Taxon, 2008, 57(3): 823–852.

[8] GAO X F. Symplocaceae [M]//WU CY ed. Flora Yunnanica (Tomus 6). Beijing: Science Press, 2006.

[9] HANDEL-MAZZETTI H R E, PETER-STIBAL E. Eine Revision der Chinesischen Arten Der Gattung *Symplocos* Jacq. [J]. Beihefte zum Botanischen Centralblatt, 1943, 62–B: 42.

[10] HARDIN J W. An analysis of variation in *Symplocos tinctoria*[J]. Journal of the Elisha Mitchell Scientific Society, 1966, 82: 6–12.

[11] HOLMGREN P K, HOLMGREN N H. Index Herbariorum: a global directory of public herbaria and associate staff [EB/OL]. http://sweetgum.nybg.org/ih/.

[12] JACQUIN N J. Enumeratio Systematica Plantarum, quas in Insulis Caribaeis vicinaque Americes VI [M]. Leiden: Inter Documentation, 1760.

[13] JUAN R, PASTOR J, FERNANDEZ I. SEM and light microscope observations on fruit and seeds in Scrophulariaceae from southwest Spain and their systematic significance[J]. Annals of Botany (London), 2000, 86(2): 0–328.

[14] KHALIK K N A. Seed coat morphology and its systematic significance in *Juncus* L. (Juncaceae) in Egypt[J]. Journal of Systematics and Evolution, 2010, 48(3): 215–223.

[15] KIRCHHEIMER F. Die Symplocaceae der erdgeschichtlichen Vergangenheit[J]. Palaeontographica, 1949, 90B: 1–52.

[16] LE ROUX M M, VAN W B, BOATWRIGHT J S, et al. The systematic significance of morphological and anatomical variation in fruits of Crotalaria and related genera of tribe Crotalarieae (Fabaceae)[J]. Botanical Journal of the Linnean Society, 2015, 165(1): 84–106.

[17] LIANG Y W. The Pollen Morphology of Symplocaceae in China[J]. Acta Botanica Austro Sinica, 1986, 2: 111–120.

[18] MAGEE A R, WYK B E, TILNEY P M. A taxonomic revision of the woody South African genus *Notobubon* (Apiaceae: Apioideae)[J]. Systematic Botany, 2009, 34: 220–242.

[19] MAI D H, MARITNETTO E. A reconsideration of the diversity of *Symplocos* in the European Neogene on the basis of fruit morphology[J]. Review of Palaeobotany & Palynology, 2006, 140: 1–26.

[20] MEIJDEN R VAN DER. A survey of the pollen morphology of Indo–Pacific species of *Symplocos* (Symplocaceae)[J]. Pollen and Spores, 1970, 12: 513–551.

[21] NAGAMATSU H. 1987. Notes on *Symplocos lucida* and related species in Japan [J]. Acta phytotaxonomica et geobotanica, 1987, 38: 283–291.

[22] NAGAMATSU H. Pollen morphology and relationship of *Symplocos tinctoria* (LF) L'Her. (Symplocaceae)[J]. Botanical Gazette, 1989a, 150(3): 314–318.

[23] NAGAMASU H. Pollen morphology of Japanese *Symplocos* (Symplocaceae) [J]. Journal of Plant Research, 1989b, 102: 149–164.

[24] NAGAMATSU H. The Symplocaceae of Japan[D]. Kyoto University, 1993.

[25] NAGAMATSU H. Symplocaceae [M]//*Flora of Taiwan* Editorial Committee ed. Flora of Taiwan Vol. 4. Taipei: Editorial Vommiittee of the *Flora of Taiwan,* 1996.

[26] NAGAMATSU H. Symplocaceae [M]//IWATSUKI K, YAMAZAKI T, BOUFFORD D E, OHBA H. eds. Flora of Japan vol. Ⅲa. Tokyo: Kodansha Ltd, 2006.

[27] ZEPERNICK R B B. Revision of the Symplocaceae of the Old World, New Caledonia Excepted by H. P. Noteboom[J]. Willdenowia, 1975, 7(3): 710–711.

[28] NOOTEBOOM H P. *Symplocos* [M]//LI H L et al. ed. Flora of Taiwan vol. 4. Taipei: Epoch Publishing Co., 1976.

[29] NOOTEBOOM H P. Symplocaceae [M]//VAN STEENIS CGGJ ed. Flora Malesi-

ana Series I: Spermatophyta. Flowering plants vol. 8, part 2. Leyden: Noordhoff International Publishers, 1977: 205-274.

[30] NOOTEBOOM H P. Additions to Symplocaceae of the Old World including New Caledonia[J]. Blumea, 2005, 50: 407-410.

[31] THUNBERG C P. Flora Japonica[M]. Lipsiae: Bibliopolio I. G. Mulieriano, 1784.

[32] WANG C C. A Taxonomic Study of the Symplocaceae of Taiwan [D]. Taichung: Chung Hsing University, 2000.

[33] WANG C C, OU C H. The Symplocaceae of Taiwan[J]. Quarterly Journal of Forest Research, 1999, 21: 37-60.

[34] WANG C C, OU C H. Study on the pollen morphology of *Symplocos* (Symplocaceae) from Taiwan. Quarterly Journal of Forest Research [J], 2000, 22(2): 21-36.

[35] WU Y F. A preliminary study on *Symplocos* of China[J]. Journal of University of Chinese Academy of Sciences, 1986, 24 (4): 275-291.

[36] WU R F. Symplocaceae [M]//WU R F, HUANG S M eds. Flora Reipublicae Popularis Sinicae. Beijing: Science Press, 1987, 60(2): 1-77.

[37] WU R F, NOOTEBOOM H. Symplocaceae [M]//WU ZY, RAVEN PH eds. Flora of China. Beijing: Science Press; St. Louis: Missouri Botanical Garden Press, 1996, 15: 235-252.

[38] YING S S. The Symplocaceae of Taiwan[J]. Bulletin of the Experimental Forest of Taiwan University, 1975, 116: 545-571.

[39] YING S S. Symplocaceae [M]. Taipei: Taiwan University Press, 1987.

[40] ZHOU L H, FRISCH P W, BARTHOLOMEW B. The Symplocaceae of Gaoligong Shan[J]. Proceedings of the California Academy of Sceinces, 2006, 57: 387-431.

Table 1 Previous Assignments of the Species Currently Included in *Symplocos kuroki* Complex

<table>
<tr><th>Brand (1901)</th><th>Hand. -Mazz. & Peter-Stibal (1943)</th><th>Wu (1987)</th><th>Nagamasu (1993; 1996)</th><th>Wang (2000)</th><th>Nooteboom(1975; 2005); Wu & Nooteboom(1996)</th><th>This study</th></tr>
<tr><td>S. crassifolia</td><td>S. crassifolia</td><td>S. crassifolia</td><td>§</td><td>§</td><td rowspan="15">S. kuroki
(=S. lucida)</td><td>S. crassifolia subsp. crassifolia</td></tr>
<tr><td>S. henryi</td><td>S. henryi</td><td>S. henryi</td><td>§</td><td>§</td><td>S. henryi</td></tr>
<tr><td>†</td><td>S. multipes</td><td>S. multipes</td><td>§</td><td>§</td><td>S. multipes</td></tr>
<tr><td>†</td><td>S. tetragona</td><td>S. tetragona</td><td>§</td><td>§</td><td>S. tetragona</td></tr>
<tr><td>S. setchuensis</td><td>S. setchuensis</td><td rowspan="3">S. setchuensis</td><td>§</td><td rowspan="3">S. kuroki</td><td rowspan="3">S. setchuensis</td></tr>
<tr><td>S. acutangula</td><td>S. acutangula</td><td>§</td></tr>
<tr><td>†</td><td>S. sinuata</td><td>§</td></tr>
<tr><td>S. theifolia</td><td>S. theifolia</td><td>S. theifolia</td><td>§</td><td>§</td><td rowspan="3">S. theifolia</td></tr>
<tr><td>S. phyllocalyx</td><td>S. phyllocalyx</td><td rowspan="3">S. phyllocalyx</td><td rowspan="3">S. phyllocalyx</td><td>§</td></tr>
<tr><td>†</td><td>S. ernesti</td><td>§</td></tr>
<tr><td>†</td><td>S. discolor</td><td>§</td><td>S. tanakae</td></tr>
<tr><td>§</td><td>§</td><td>§</td><td>S. tanakae</td><td>§</td><td rowspan="2">S. kuroki</td></tr>
<tr><td>§</td><td>§</td><td>§</td><td>S. nakaharae</td><td>S. japonica
var. nakaharae</td></tr>
<tr><td>S. japonica</td><td>§</td><td>§</td><td>S. kuroki</td><td>S. kuroki</td><td rowspan="2">S. crassifolia subsp. howii</td></tr>
<tr><td>†</td><td>†</td><td>§</td><td>§</td><td>§</td></tr>
</table>

Continued

Brand (1901)	Hand. -Mazz. & Peter-Stibal (1943)	Wu (1987)	Nagamasu (1993; 1996)	Wang (2000)	Nooteboom(1975; 2005); Wu & Nooteboom(1996)	This study
§	§	§	*S. pergracilis*	§	*S. boninensis*	*S. pergracilis*
§	§	§	*S. boninensis*	§		*S. boninensis*
§	§	§	*S. kawakamii*	§	§	*S. kawakamii*
†	†	†	*S. migoi*	*S. kuroki*	§	*S. migoi*
†	†	§	*S. shilanensis*	*S. shilanensis*	§	*S. shilanensis*

†: not published at that time;

§ : not referred to or mentioned.

Table 2 Voucher Specimens of Fruit Material Studied in Lateral View and Transverse Section

Fig.	Taxon	Collector & No.	Location
1 A & 2 A	*S. boninensis*	Hideo Tabata& Yoshikazu Shimizu, 79–51	Japan. Bonin Isls. (TI)
1 B & 2 B	*S. crassifolia*	Y. Tsiang, 233	China. Guangdong Prov. (PE)
1 C & 2 C	*S. crassifolia* subsp. *howii*	anonymous, s. n.	China. Hainan Prov. (PE)
1 D & 2 D	*S. henryi*	K. M. Feng, 4637	China. Yunnan Prov. : Pingbian (KUN)
1 E & 2 E	*S. kawakamii*	G. Murata et al. , 110	Japan: Bonin Isls: Chichijima (TI)
1 F & 2 F	*S. kuroki*	anonymous, 1800	Japan. Precise location unknown (PE)
1 G & 2 G	*S. migoi*	J. C. Wang et al. , 8611	China. Taiwan, Hualian (TAI)
1 H & 2 H	*S. multipes*	anonymous, s. n.	China. Sichuan Prov. (SZ)
1 I & 2 I	*S. pergracilis*	F. Miyoshi, 11306	Japan. Bonin Isls. (PE)
1 J & 2 J	*S. setchuensis*	Bo Liu, 255	China. Jiangxi Prov. : Jiujiang (PE)
1 K & 2 K	*S. shilanensis*	Shu–Mei Liu, 271	China. Taiwan, Manchou (TAI)
1 L & 2 L	*S. tanakae*	S. Amino et al. , 260	Japan. Kyushu: Kagoshima (TI)
1 M & 2 M	*S. tetragona*	Bo Liu, 5	China. Zhejiang Prov. : Hangzhou (PE)
1 N & 2 N	*S. theifolia*	Bo Liu, 180	China. Sichuan Prov. : Jianwei (PE)

Table 3　Fruit Anatomy Characters of *S. kuroki* Complex

Fig. 1	Taxon	Infructescence	Length of infructescences	Fruit shape	L×W/mm	Num. of fruits/infructescences	Color of fruit	Calyx lobe
A	*S. boninensis*	Axillary, contracted spike, branched	Less than 1cm long	Narrowly obovoid	(20–25)×(10–13)	1–3	Dark blue	Bending inwards
B	*S. crassifolia* subsp. *crassifolia*	Axillary racemes, branched	1–2cm long	Broadly obovoid	10×(6–8)	2–5	Dark blue	Erect or spread
D	*S. henryi*	Axillary, contracted racemes, unbranched	0. 6–2cm long	Broadly obovoid	35×20	1–5	Dark blue	Erect or spread
C	*S. crassifolia* subsp. *howii*	Axillary racemes	1–2cm long	Broadly obovoid	10×(6–8)	2–5	Dark blue	Erect or spread
E	*S. kawakamii*	Axillary, contracted spike, branched	0. 5–2. 5cm long	Globose or broadly obovoid	(14–20)×(10–12)	1–5	Dark blue	Erect or spread
F	*S. kuroki*	Axillary, contracted spike, branched	Less than 1cm long	Ellipsoidal	(9–13)×(6–9)	3–8	Dark blue	Erect or spread
G	*S. migoi*	Axillary, contracted spike, branched	Less than 1cm long	Ellipsoidal	(9–13)×(5–7)	1–3	Dark blue	Erect or spread
H	*S. multipes*	Axillary racemes, branched	1–3cm long	Ellipsoidal	(5–6)×6	2–8	Dark blue	Erect or spread

Continued

Fig. 1	Taxon	Infructescence	Length of infructescences	Fruit shape	L×W/mm	Num. of fruits/infructescences	Color of fruit	Calyx lobe
I	*S. pergracilis*	Axillary, contracted spike, unbranched	Less than 0.5cm long	Narrowly obovoid or narrowly ellipsoidal	(18–25)×(8–12)	1 (–2)	Dark blue	Erect or spread
J	*S. setchuensis*	Axillary glomerule	0	Ellipsoidal	(5–8)×6	3–8	Dark blue	Erect or spread
K	*S. shilanensis*	Axillary, contracted spike, branched	Less than 1cm long	Narrowly ellipsoidal	(8–10)×(4–5)	1–3	Purple	Erect or spread
L	*S. tanakae*	Axillary, contracted spike, branched	Less than 1cm long	Globose	(18–25)×(15–20)	1–5	Dark blue	Erect or spread
M	*S. tetragona*	Axillary, elongated spike, many-branched	4–8cm long	Broadly obovoid	15×8	10–40	Dark blue	Erect or spread
N	*S. theifolia*	Axillary spike, sometimes branched	0.8–2.5cm long	Ellipsoidal	(10–15)×6	3–8	Dark blue	Erect or spread

Continued

Fig. 2	Taxon	Shapes of transverse section	Num. of Locules	Locule development	Stones	Stone surface	Texture of endocarp	Thickness of endocarp	Color of endocarp
A	*S. boninensis*	Triangle	3	1 locule slightly bigger, all fertile	Not divided, formed monopyrene	Slightly striate	Thick woody	Ca. 1mm	Brown
B	*S. crassifolia.* subsp. *crassifolia*	Rounded	3	Equal, fertile	Divided into 3 pyrenes	Deep, more than 10 longitudinally grooves	Stony	Ca. 1mm	White
C	*S. crassifolia* subsp. *howii*	Rounded	3	Equal, fertile	Divided into 3 pyrenes	Ca. 3 longitudinally ridged	Stony	Ca. 1. 2mm	White
D	*S. henryi*	Rounded	3	1 locule degenerated	Half divided, form 1 deep parted pyrene	Deep longitudinally grooves	Thick woody	Ca. 5mm	Brown
E	*S. kawakamii*	Rounded	3	Equal, fertile	Divided into 3 pyrenes	Slightly striate	Stony	Ca. 1mm	White
F	*S. kuroki*	Rounded	2	Equal, fertile	Divided into 3 pyrenes	Smooth	Woody	Ca. 1mm	Brown
G	*S. migoi*	Rounded	3	Equal, fertile	Divided into 3 pyrenes	Smooth	Woody	Ca. 1mm	Brown
H	*S. multipes*	Rounded	3	1 locule much bigger, all fertile	Half divided, form 1 deep parted pyrene	Smooth	Chartaceous	Ca. 0. 5mm	Brown
I	*S. pergracilis*	Broad triangle, nearly rounded	3	Equal, fertile	Not divided, formed monopyrene	Smooth	Thick woody	Ca. 1mm	Brown
J	*S. setchuensis*	Rounded	3	Equal, fertile	Divided into 3 pyrenes	Slightly striate	Woody	Ca. 0. 5mm	Brown

Continued

Fig. 2	Taxon	Shapes of transverse section	Num. of Locules	Locule development	Stones	Stone surface	Texture of endocarp	Thickness of endocarp	Color of endocarp
K	*S. shilanensis*	Rounded	3	Equal, fertile	Half divided, form 1 deep parted pyrene	Smooth	Stony	Ca. 0. 5mm	White
L	*S. tanakae*	Rounded	3	Equal, fertile	Divided into 3 pyrenes	More than 10 longitudinally deep grooves	Thick woody	Ca. 3mm	Brown
M	*S. tetragona*	Rounded	3	Equal, fertile	Half divided, form 1 deep parted pyrene	Smooth or slightly striate	Stony	Ca. 1. 5mm	White
N	*S. theifolia*	Rounded	3	1 or 2 locules degenerated	Half divided, form 1 deep parted pyrene	Smooth	Chartaceous	Ca. 0. 5mm	Brown

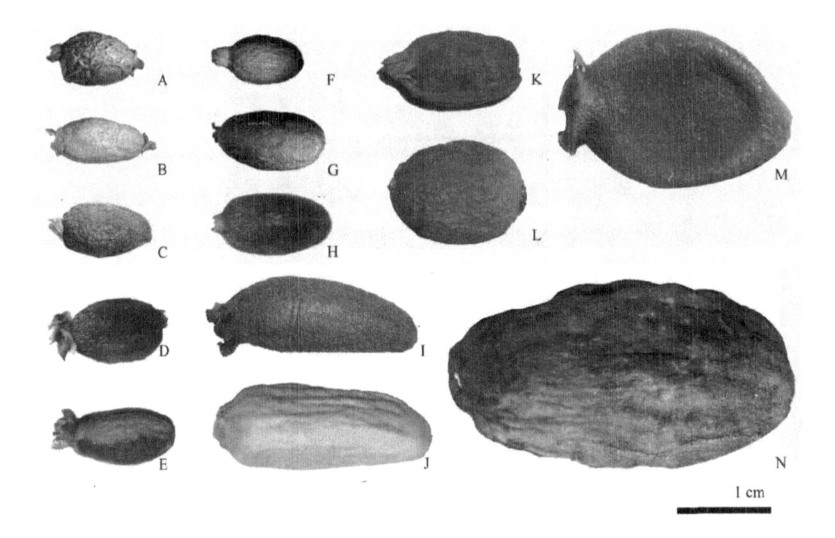

Fig. 1　Morphology of Fruits in *Symplocos nakaharae* Complex

A. *Symplocos migoi*; B. *S. shilanensis*; C. *S. nakaharae*; D. *S. setchuensis*; E. *S. theifolia*; F. *S. multipes*; G. *S. lucida* ssp. *lucida*; H. *S. lucida* ssp. *howii*; I. *S. pergracilis*; J. *S. boninensis*; K. *S. tetragona*; L. *S. kawakamii*; M. *S. tanakae*; N. *S. henryi*.

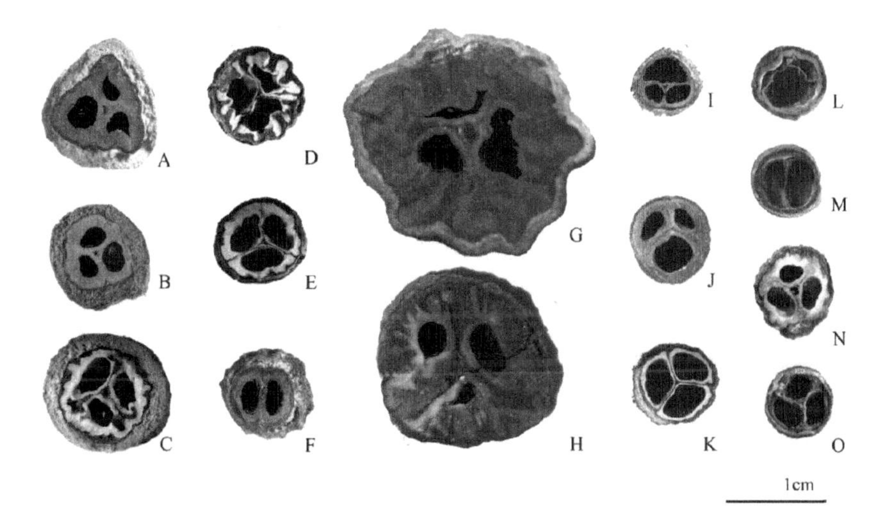

Fig. 2　Transections of Fruits in *Symplocos nakaharae* Complex

A. *Symplocos boninensis*; B. *S. pergracilis*; C. *S. kawakamii*; D. *S. lucida* ssp. *lucida*; E. *S. lucida* ssp. *howii*; F. *S. nakaharae*; G. *S. henryi*; H. *S. tanakae*; I. *S. multipes*; J. *S. migoi*; K. *S. setchuensis*; L & M. *S. theifolia*; N. *S. tetragona*; O. *S. shilanensis*.

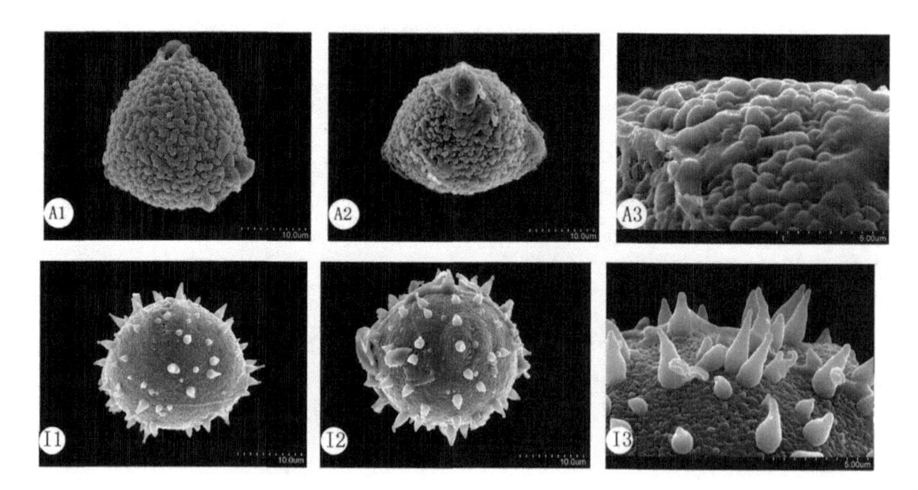

Fig. 3 Pollen Exine Sculpture Types in *Symplocos nakaharae* Complex

A. Type I: Verrucate pollen of *S. tetragona* (B. Liu 256, PE). B. Type II: Echirate pollen of *S. theifolia* (B. Liu 2, PE). 1. Pollen grains in Long equatorial view. 2. Pollen grains in polar view. 3. Pollen grains in detail † Only two species are shown here, as the pollen grains of the other species has nearly the same shape. size, and ornamentation as *S. tetragona*. Bar = 5μm.

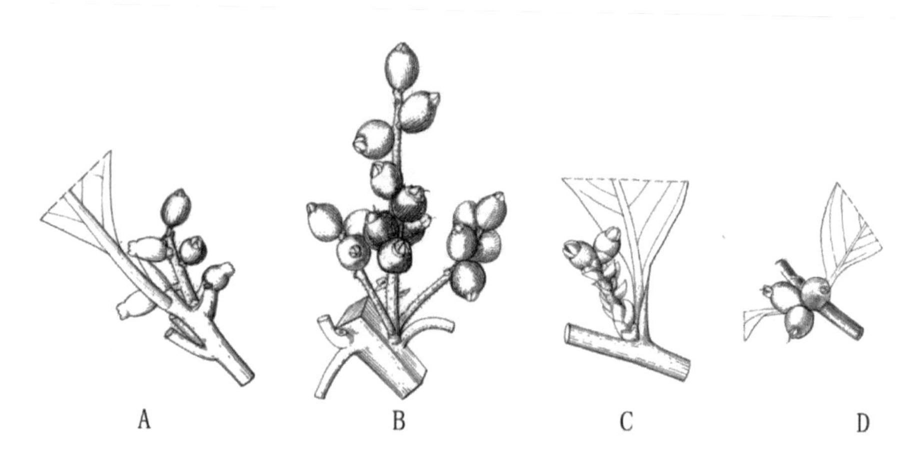

Fig. 4 Types of Infructescences in *Symplocos nakaharae* Complex

A. Raceme. B, C. Spike. D. Glomerule.

山矾科部分物种腊叶标本及活体照片

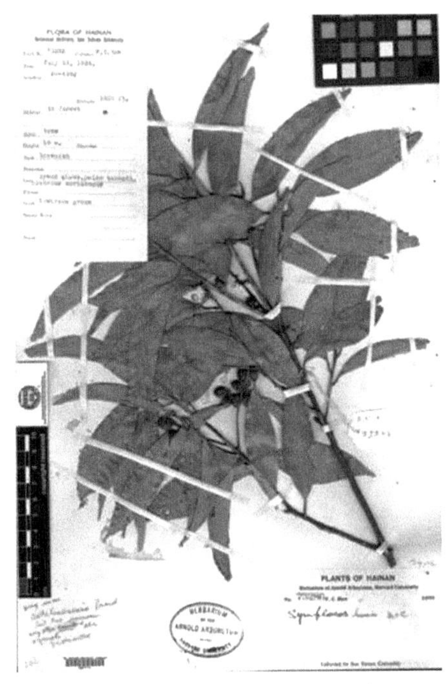

棱核山矾（*Symplocos howii*）

川上山矾（*Symplocos kawakamii*）

细梗山矾（*Symplocos pergracilis*）

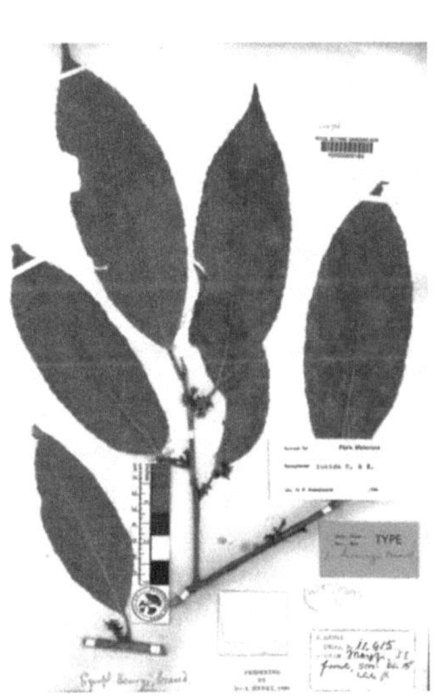

蒙自山矾（*Symplocos henryi*）

棱角山矾（*Symplocos tetragona*）

棱角山矾 (*Symplocos tetragona*)

棱角山矾 (*Symplocos tetragona*)

棱角山矾 (*Symplocos tetragona*)

棱角山矾 (*Symplocos tetragona*) 刘博摄

棱角山矾 (*Symplocos tetragona*)

棱角山矾 (*Symplocos tetragona*)

棱角山矾 (*Symplocos tetragona*)

四川山矾
(*Symplocos setchuensis*)

叶萼山矾
(*Symplocos phyllocalyx*)

叶萼山矾
(*Symplocos phyllocalyx*)

光亮山矾
(*Symplocos kuroki* Nagamasa)